AUS! DIE WISSENSCHAFT VOM ENDE

SCIENCE BUSTERS

Warum manche Dinge krachen gehen und andere einfach nicht aufhören wollen

Hanser

1. Auflage 2025

ISBN 978-3-446-28442-5

Vilshofener Straße 10 | 81679 München | info@hanser.de

Umschlag und Illustrationen: Büro Alba
Umschlagmotiv: Midjourney
Satz: Sandra Hacke, Dachau
Druck und Bindung: Friedrich Pustet, Regensburg
Printed in Germany

FSC www.fsc.org
MIX
Papier | Fördert gute Waldnutzung
FSC® C014889

INHALT

VORBEMERKUNG

Die Wissenschaft vom Ende. Ob das eine gute Idee für ein Buch im Jahr 2025 ist? Gerade jetzt, wo auf der halben Welt immer öfter Wahnsinnige, Gierige oder Skrupellose (Mehrfachnennungen sind möglich) das Ruder übernehmen oder längst übernommen haben, ihre Brutalität und Unersättlichkeit ins Kraut schießen lassen und die Klimakatastrophe in der Regel derart ignorieren, dass apokalyptische Zustände nach dem Zusammenbruch der Zivilisation ohnedies nur mehr eine Frage der Zeit zu sein scheinen? Da muss man doch die Stimmung nicht noch zusätzlich mit einem Buch übers Ende in den Keller ziehen …

Na ja. Muss man natürlich nicht. Aber über das Ende gibt es trotzdem viel zu sagen, und meistens sogar anders, als man denkt. Erstens: Auch wenn die Überhandnahme von Psychopathen und drogensüchtigen Verrückten für die meisten von uns ungünstig ist, geht die Welt davon keinesfalls unter. Der ist das herzlich egal. Und zweitens: Enden gibt es viele. Nicht nur eines. Die Wurst hat sogar drei, wie Sie sehen werden. Aber nicht immer ist es leicht, zu sagen, wo etwas anfängt. Oder aufhört. Manche Sachen hören gar nie auf. Und nicht nur das – von der Unendlichkeit gibt es sogar mehr als nur eine. Da schauen Sie. Und zu Recht. Wenn Sie zu Hause eine alte Unendlichkeit haben, die langsam fadenscheinig wird, dann könnten Sie sich ganz leicht eine zweite zulegen. Wenn Sie wollten. Und wenn ein Chemiker vom Ende spricht, dann bedeutet das wieder was anderes. Und das ist alles deutlich interessanter als irgendwelche Blödmänner und -frauen, die anderen das Leben zur Hölle machen, nur weil sie den Hals nicht vollkriegen.

Von uns bekommen Sie wie immer nur wissenschaftlich belegte Informationen zum Ende. Die Nachweise, Video-Links und wie immer ein paar Bonus-Aufsätze finden Sie hier:

Ende der Durchsage.

VORSPIEL IM HIMMEL

Herzlich willkommen im neuen Buch der Science Busters. Es heißt *Aus!*, beginnt mit einem Vorspiel im Himmel, endet mit einem Nachspiel in der Hölle, und es geht, das wissen Sie bereits, ums Ende.

Wie das hier zum Beispiel. Denn das war's auch schon wieder für dieses Mal. Danke, dass Sie das Buch gekauft haben. Wir hoffen, es hat Ihnen gefallen, empfehlen Sie es gerne weiter. Wenn Sie den Buchdeckel schließen, geht das Licht automatisch aus, Sie brauchen es nicht auszuschalten.

So sieht man sich wieder. Natürlich würden wir es uns gern leicht machen. Nach 18 Jahren Science Busters müssen wir ja nicht immer auf dem Gas stehen. Aber Sie haben recht. Zuerst wichtigmachen mit »wie interessant es ist, sich mit der Wissenschaft des Endes zu beschäftigen«, aber dann keine Lust dazu haben und zudrehen ... Das sollte man uns nicht so ohne Weiteres durchgehen lassen. Wenn ein Vorspiel im Himmel angekündigt ist, dann wollen Sie es natürlich auch haben. Bekommt man ja auch nicht mehr alle Tage.

Dafür gibt es allerdings gute Gründe, denn so einfach wie Goethe in seinem *Faust* können wir es uns heute nicht mehr machen. Der schreibt einfach hin: »Prolog im Himmel«, dann treten ein paar Engel, ein gefallenes Exemplar und ein Herrgott auf und reimen fröhlich vor sich hin. Nur: Wo soll das sein, »im Himmel«? Da fängt es schon einmal an. Und es hört bei der Frage »Warum können die während ihrer Plauderei ihre Flughöhe halten, ohne dauernd mit den Flügeln zu schlagen – sitzen die in einem Lagrange-Punkt?« noch lange nicht auf. Und da reden wir noch gar nicht vom Herrgott. Warum spricht der Deutsch? Und im Knittelvers? War das eine aktuelle Mode oder schon immer so? Hat er bereits damals gereimt, als er Adam und Eva den Garten Eden erklärt hat? Welchen Endreim hat er auf Apfel genommen? Und warum hatte sein Sohn dann Aramäisch als Muttersprache? Fragen über Fragen. Der 2015 verstorbene Mitbegründer der Science Busters Heinz Oberhummer hat Gott zur Erklärung des Universums deshalb als viel zu komplizierte Hypothese abgelehnt. Und ich glaube, Sie haben bereits eine Ahnung bekommen, warum.

Schon was Engel genau sein sollen, ist selbst deren Anhänger:innen seit jeher unklar. Woraus bestehen sie eigentlich? Denn immer wieder kann man sie sehen, nicht nur bei Goethe im Himmel. Dabei hieß es lange, sie hätten weder einen biologischen Körper – auch wenn sie offenbar himmlisch rochen – noch seien sie völlig körperlos.

Also, was jetzt bzw. was wann? Die beiden theologischen Fanboys Augustinus und Thomas von Aquin konnten sich immerhin darauf einigen, dass Engel »mit angenommenen Körpern« in Erscheinung treten würden. Und zu ihrer Zeit in ihrer Welt waren die beiden nicht irgendwer, sondern klerikale Opinion-Leader erster Güte. Aber was sind »angenommene Körper«? Von wem nehmen sie die Körper an? Kann man sich das so vorstellen wie in dem Science-Fiction-Film *Terminator 2*, in dem die außerirdische Killermaschine, bestehend aus einer Metalllegierung, jederzeit flüssig werden und jede beliebige Form annehmen kann? Ganz abgesehen davon, dass Engel angeblich nicht deswegen Gestalt annehmen, weil sie es selber bräuchten, sondern damit wir sie sehen können. Ein Service für uns Sterbliche.

Was also sind Engel dann, bevor sie »Körper« annehmen? Luft? Heiße? Kalte? Dazu wieder die theologische Fachkraft für eh alles, Thomas von Aquin: »Im Zustand der Verdünnung hat Luft zwar weder Form noch Farbe; verdichtet aber kann sie durchaus sowohl geformt als auch farbig sein, wie sich an den Wolken zeigt. Solcherart nehmen die Engel Körper an, indem sie die Luft kraft göttlicher Macht so weit verdichten, als es zur Ausformung des angenommenen Körpers erforderlich ist.« Aber durchsichtig seien sie auch. Und wer schon einmal erlebt hat, welche Wirkung verdichtete Luft haben kann, etwa als Sturm, der dürfte sich wundern, dass Engelsbesuche so friedlich ablaufen, wenn die Herrschaften mit Karacho die Atmosphäre passieren und auf der Erde landen. Heute würde sich da vielleicht sogar der Katastrophenalarm am Handy melden.

Aber damit noch nicht genug der Kuriositäten. Denn in ausgewählten Fällen essen Engel auch. Und wenn es ihnen schmeckt, schnalzen sie möglicherweise mit den berühmten Engelszungen. Aber wer isst, muss auch verdauen und ausscheiden. Dass Engel als verdichtete Luft einen fahren lassen können, leuchtet umgehend ein, aber von einem Engel, der nach dem Weg zur Toilette fragt, hört man nie. Und das ist nur ein kleiner Teil der Probleme, die man zu lösen hat, wenn man einfach einen Engel behauptet.

Wir hingegen wissen, wovon wir sprechen, denn der Frage »Wie viel Sprit verbraucht ein Erzengel?« sind wir bereits in unserem ersten Buch *Wer nichts weiß, muss alles glauben* und in der TV-Show *Crucifixion Party: Die Physik des Christentums* experimentell zu Leibe gerückt. Im Zuge dessen haben wir auch die Flügelspannweite berechnet und uns angeschaut, unter welchen Umständen Engel fliegen können. Denn ein Erzengel ist ja laut Ikonografie kein Spaghetti-Sultan, sondern ein ordentlicher Ast. Eher so was wie ein austrainierter Wrestler. 100 Kilo bringt so ein englischer Muskelberg locker auf die Waage. Minimum. Wären bei so einem Riegel die Flügel am Rücken angewachsen, würden sie beim Start einfach die Wirbelsäule rausreißen und mit dem Rückgrat davonfliegen. Und der restliche Erzengel bleibt am Boden und kann seinen Fittichen nur nachschauen. Falls Sie sich jetzt noch immer fragen, woher auf einmal der kräftige Engländer gekommen ist, wenn wir doch grad noch bei religiösen Fabelwesen waren, so seien Sie froh, dass Goethe Sie nicht hören kann, wie Sie nicht einmal das Adjektiv zu Engel bilden können …

Er selbst ist allerdings auch nicht viel besser, denn er erfindet einfach einen weltraumtauglichen Mephisto. Bekanntlich schließt der im Himmel eine Wette mit dem Herrgott ab und fliegt dann zu Faust auf die Erde. Wenn wir jetzt einmal außer Acht lassen, dass er dafür zumindest eine Raumkapsel bräuchte, um nicht in der Atmosphäre als Sternschnuppe zu verglühen, gilt er bei seiner Einreise als Außerirdischer. Und: Von wo genau startet er eigentlich, und wie lange ist er unterwegs? Wo ist »der Himmel«? Noch in unserem Sonnensystem? Und wenn ja, eher in der Nähe der Erde, damit sich die Treibstoffkosten in Grenzen halten, wenn Mephisto auf Außendienst fliegt, oder eher im Speckgürtel am Rand des Sonnensystems, damit er es nicht zu weit ins Grüne hat oder zu den Sportanlagen im Paradies? Und wenn am Rand … wo ist der – wo hört das Sonnensystem auf? Das ist gar nicht so leicht zu beantworten. Auch heute noch, wo wir deutlich mehr darüber wissen als damals Goethe …

DAS ENDE DES SONNENSYSTEMS

Moment, wir sind noch nicht fertig. So weit kommt es noch, dass die Kapitel einfach anfangen, wann sie wollen, und selber entscheiden, wann sie beginnen. Das Vorspiel im Himmel dauert noch, wir geben Ihnen als Überschrift Bescheid, wenn Sie an die Reihe kommen, denn …

DAS ENDE DES SONNENSYSTEMS

Dass unser Sonnensystem aus einer Sonne und acht Planeten besteht, sollte allgemein bekannt sein. Hinzu kommen ein paar Hundert oder Tausend Monde und nahezu unzählige Asteroiden. Das war natürlich nicht immer so. Bis Anfang des Jahrtausends galt Pluto als Planet Nummer neun, bis zur überraschenden Entdeckung von Uranus im Jahr 1781 waren es jahrtausendelang nur sechs Planeten gewesen, fast genauso lange galt die Erde als Zentrum des Sonnensystems, und während wir hier reden, verdichten sich wieder einmal die Anzeichen, dass es doch noch einen weiteren Planeten geben könnte und die Wiederaufstockung auf neun nur noch eine Frage der Zeit ist. Wer weiß. Aber nicht nur das Inventar, auch die Ausdehnung und damit das Ende des Sonnensystems war, wenn man so möchte, weltanschaulichen Moden unterworfen. Bis heute ist nicht klar, wie groß das Sonnensystem eigentlich ist. Warum, das weiß auch Bob Dylan nicht.

Danke, liebes Kapitel »Das Ende des Sonnensystems« ... Das ist schön und gut und sicher auch interessant, und der Teaser mit dem weltberühmten Literaturnobelpreisträger ist auch gelungen ... Aber wenn wir gerade erzählen möchten, dass Faust nicht allzu aufgeregt war, obwohl neben ihm gerade der erste Außerirdische der Menschheitsgeschichte gelandet ist, und er ihn nur beiläufig zur Kenntnis nimmt, statt zu überlegen, was ein guter erster Begrüßungssatz für so einen Besucher sein könnte, dann möchten wir nicht, dass uns das Kapitel über das Ende des Sonnensystems ungefragt und vor seiner Zeit dazwischenschwadroniert ... Wenn wir so was wollen, dann sagen wir das auch. »Bitte jetzt ein Zwischenruf zum Ende des Sonnensystems« oder »Bitte jetzt ein Kapitel über das Ende der Milchstraße«. Aber wenn nicht, dann ...

DAS ENDE DER MILCHSTRASSE

...

Nein! Haben Sie nicht aufgepasst? Die Kapitel beginnen, wenn wir das sagen, und nicht einfach so, nur weil ihr Name fällt. Wo kommen wir denn da hin? Alle verstanden? Das will ich auch hoffen.

TEIL 1

Wie man Aliens offiziell begrüßt | Das Ende des Sonnensystems | Das Ende der Welt | Weltuntergang für Fortgeschrittene | Kann man den Weltuntergang vorhersagen? Save the date | Das Ende | Du bist nicht allein – (wo ist das Ende der Welt?) | Das Ende der Menschen – das Menu heute: Atomkrieg, Klimawandel, Asteroiden, extraterrestrisches Leben und Killerviren | Von Ende zu Ende

ENDLICH

WIE MAN ALIENS OFFIZIELL BEGRÜSST

Wir bleiben jetzt erst einmal bei den Außerirdischen und ihrer Landung auf der Erde. Denn auf die Ankunft eines oder einer Außerirdischen bereitet sich die Menschheit seit Jahrtausenden vor. Mehr oder weniger wissenschaftlich. Geschichten über Außerirdische sind in den Schöpfungsmythen fast aller Kulturen fest verankert. In unserem Kulturkreis kann Weihnachten vielleicht als die beliebteste Aliengeschichte gelten: Erst landet ein Erzengel als fliegender Schwangerschaftstest und bedeutet einer arglosen jungen Frau, sie sei gebenedeit. Warum? Vermutlich auch, weil die Übermittlung des Testergebnisses anhand zweier Streifen damals noch nicht ausgereift war. Das Resultat hat offenbar trotzdem gestimmt, und pünktlich neun Monate später wird ein nagelneuer Messias geliefert. Als Empfangskomitee treten die Hirten ihren Dienst an, gehen zum Stall und grüßen, möglicherweise sogar wahrheitsgemäß, mit: »Grüß Gott«. Das ist allerdings viele Tausend Jahre her. Und heute, in einer säkularen, materialistisch-naturwissenschaftlich geprägten Welt, würde man das Gespräch vermutlich eher anders eröffnen. Aber gibt es da eigentlich ein Protokoll? Offizielle erste Fragen an die weit gereisten Besucher:innen? »Habt ihr gut hergefunden?« »War viel Verkehr?« »Schuhe könnt ihr anlassen.« »Habt's schon Mittag gegessen?« Und wer wäre zuständig und befugt, den Erstkontakt wahrzunehmen? Dürfen das alle, die einen Alien sehen? Oder sollte das besser wer aus der Wissenschaft oder der Politik machen? Und aus welchem Land? In welcher Sprache?

Tatsächlich ist es nicht ausgeschlossen, dass ein Österreicher die Begrüßung übernehmen könnte. Florian Freistetter, Hofastronom der Science Busters, wäre wissenschaftlich natürlich qualifiziert, behauptet er doch stets, die Astronomie sei fürs gesamte Universum zuständig. Es gibt allerdings einen Österreicher, der den Aliens deutlich näher sein dürfte als der Rest der Menschheit: Dr. Kurt Waldheim. Als UN-Generalsekretär in den 1970er-Jahren war er zuständig, eine Grußbotschaft an alle Außerirdischen einzusprechen:

> As the Secretary General of the United Nations, an organization of 147 member states who represent almost all of the human inhabitants of the planet Earth, I send greetings on behalf of the people of our planet. We step out of our solar system into the universe seeking only peace and friendship, to teach if we are called upon, to be taught if we are fortunate.

Vorgetragen mit starkem österreichischem Akzent. Das würden die Aliens hören, sollten sie eine der beiden Voyager-Sonden abfangen, die seit 1977 durchs Sonnensystem unterwegs sind. Und die es möglicherweise sogar schon verlassen haben, wie es allenthalben heißt. Aber dazu

DAS ENDE DES SONNENSYSTEMS

…

Dazu später. Versprochen.

Um Kurt Waldheim zu lauschen, müssten die Aliens die mitgeschickte Goldene Schallplatte zum Spielen bringen. Sie müssten also erstens wissen, was eine Langspielplatte ist, und, um die Botschaft zu verstehen, zweitens auch noch Englisch sprechen. Vielleicht ist Ersteres die größere Herausforderung, denn heute wissen vermutlich selbst auf der Erde mehr Menschen, wie man Englisch spricht, als was eine Langspielplatte ist. Sollten die beiden Sonden die Aliens jedoch verfehlen, was bei der Größe des Weltalls sehr wahrscheinlich ist, würden sie vielleicht, ohne von Kurt Waldheim begrüßt worden zu sein, auf der Erde landen. Wo genau sie das tun würden … Da sind die Quellen uneinheitlich. In Science-Fiction-Filmen ist es in der Regel der US-amerikanische Präsident, der die Außerirdischen begrüßt. Und da muss man als Alien ehrlich gesagt auch ein wenig Glück haben mit dem Landungszeitpunkt. Denn man kann es auch blöd erwischen, würde man etwa im Jahr 2025 ankommen. Aber Science-Fiction ist Science-Fiction, und auch wenn die USA ein großes Land sind: Theoretisch kann die Kapsel der Aliens überall als Erstes aufschlagen. Auch im winzigen Österreich. Wer wäre da zuständig für die Begrüßung? Vielleicht der Bundeskanzler? Wobei aktuell im Jahr 2025 sollte man da vielleicht vorsichtig sein, damit die Aliens nicht misstrauisch werden und gleich wieder kehrtmachen, nachdem er leichte Ähnlichkeiten mit Jabba the Hutt aufweist. Dann lieber der Kardinal? Immerhin hat es im Stephansdom schon Marienerscheinungen gegeben, und der könnte somit als einschlägige Fachkraft für Außerirdische gelten.

Tatsächlich fängt das Problem weit früher an, lange bevor die Repräsentant:innen darüber streiten könnten, wer offiziell begrüßen und das erste Foto mit den Gästen machen darf. Denn realistisch betrachtet können die Aliens ja nicht aus dem Nichts erscheinen, sondern fliegen von irgendwoher mit dem Raumschiff zu uns. Und so ein Raumschiff macht das, was alle Himmelskörper tun: Es reflektiert das Licht der Sonne. Und so, wie wir auch Asteroiden und andere Himmelskörper im Weltall beobachten, könnten wir auch ein Raumschiff sehen, bevor es auf der Erde landet. Woher wüssten wir aber, dass es sich um ein Raumschiff handelt und nicht um einen Asteroiden?

Asteroiden bewegen sich nur wegen der Gravitationskräfte der anderen Himmelskörper, weshalb ihre Bahn gut vorhersehbar ist. Was sich einmal mehr beim Ende 2024 entdeckten Exemplar namens 2024 YR4 gezeigt hat. Am 22. Dezember 2032 soll er, quasi als Weihnachtsgeschenk, der Erde sehr nahe kommen, aber dass er unseren Planeten tatsächlich touchieren wird, ist nahezu ausgeschlossen. Das wissen wir, weil wir Asteroiden sehr gut beobachten und ihre Route vorhersagen können. Und wenn Sie das Buch ganz durchlesen, wissen Sie es spätestens danach auch, weil wir noch ausführlich darauf zurückkommen werden.

Ein Raumschiff hat, in der Regel einen Antrieb und bewegt sich deshalb anders. Was wir ebenfalls erkennen könnten. Und dann würden wir sofort dem österreichischen Bundespräsidenten Bescheid geben, damit er sich gleich darum kümmern kann, bevor die Aliens nach der Landung irgendwelchen Sautrotteln mit Finka auf Ibiza über den Weg laufen und er sich dann am Ende wieder entschuldigend hinstellen muss, um zu erklären: »So sind wir nicht!«

Na ja. Nicht ganz. Denn die Entdeckung eines Raumschiffes dauert. Da schaut nicht irgendwer durch ein Teleskop und ruft sofort entzückt: »Ha! Ein Alien-Raumschiff!« Man muss ein unbekanntes Objekt schon etwas länger beobachten, um herauszufinden, worum es sich genau handelt. Das kann Tage dauern, Wochen oder noch länger. Es müssen auch sehr viele Astronom:innen mit Teleskopen überall auf der Welt beteiligt sein, weil man ja nicht immer alles von überall aus gleichermaßen beobachten kann. Die Daten müssen erst sorgsam geprüft werden, um Fehler auszuschließen, und dafür müssten Forscher:innen, die ja normalerweise mit Forschungsarbeit eingedeckt sind, erst einmal Zeit haben. Grundsätzlich aber würde es sich dabei um denselben Prozess wie bei der Entdeckung von Asteroiden handeln. Und dafür gibt es praktischerweise bereits eine offizielle Stelle: das Minor Planet Center der Internationalen Astronomischen Union, das dafür zuständig ist, die entsprechende Kommunikation innerhalb der Wissenschaft zu organisieren. Und deshalb wüssten schon vor einer potenziellen Landung und Begrüßungszeremonie sehr viele Menschen über den Besuch von Außerirdischen Bescheid.

Sie und wir und viele andere. Wenn Sie möchten, könnten Sie also in so einem Fall Ihren Balkon mit Blumen schmücken, Girlanden über den Türstock hängen, ein Gedicht auswendig lernen oder ein Meme erstellen, um einen guten Eindruck zu machen, sollten die Aliens tatsächlich bei Ihnen im Garten aufschlagen.

Aber auch damit ist das Protokoll-Problem ja noch nicht gelöst. Wen sollten Sie also danach benachrichtigen, wer wäre offiziell für die weitere Betreuung der außerirdischen Staatsgäste zuständig? Der Bundespräsident, der die Aliens mit Salutschüssen des Bundesheeres auf dem roten Teppich empfängt? Oder der Innenminister, der sie eigenhändig über die Schengen-Außengrenzen hinausjagt und umgehend den Familiennachzug verbietet, weil das Weltall als sicheres

Drittland gilt? Oder die Parkraumüberwachung, weil das Raumschiff in einer Feuerwehreinfahrt steht?

Das Erstaunliche ist, Sie können anrufen, wen Sie wollen: den ADAC, die Obfrau des Tourismusverbandes, den Bürgermeister vom Erdbeerland oder niemanden. Tatsächlich gibt es für einen solchen Fall keine Gesetze und offiziellen Regeln. Das ist angesichts der Vorliebe für Aliengeschichten, die wir Menschen uns seit Jahrtausenden erzählen und auf die unzählige Religionsgründungen zurückgehen, einigermaßen erstaunlich.

Wissenschaftler:innen haben sich allerdings schon vor vielen Jahren Gedanken darüber gemacht, wie man in so einem Fall vorgehen sollte. Die Vorschläge laufen im Wesentlichen darauf hinaus, alle Informationen so schnell wie möglich öffentlich zu machen. Keine Geheimniskrämerei, um dem eigenen Staat etwaige Vorteile zu verschaffen. Und am besten ein internationales Komitee gründen, das sich schon im Vorfeld die weitere Vorgehensweise überlegt. Das klingt vernünftig, weshalb es aller Voraussicht nach nicht passieren wird, wenn man sich die politische Lage der Welt in Erinnerung ruft. Die Gründung des Komitees wäre nun wirklich eine einfache Übung gewesen. Und noch nicht einmal das ist in den letzten Jahren gelungen.

Ersatzweise wird immer wieder die UNO als offizieller Ansprechpartner genannt, wie etwa im sogenannten Weltraumvertrag. Der wurde 1967 geschlossen und von fast allen Ländern der Welt unterzeichnet, als im Zuge der Mondlandungsbemühungen die Raumfahrt in Schwung kam und man sich überlegte, was man tun sollte, würde man was Cooles entdecken. Aber viel mehr als »Unbedingt dem UN-Generalsekretär oder der -sekretärin Bescheid geben!« stand da auch nicht drinnen, wobei die Entdeckung von Außerirdischen bis heute fast ebenso spektakulär wäre wie die Besetzung des UN-Generalsekretariats mit einer Frau.

In Deutschland hat im Jahr 2018 ein Bundestagsabgeordneter offiziell bei der Bundesregierung angefragt, welche Pläne es für den Erstkontakt mit Aliens gäbe. Zur Antwort bekam er, dass solche nicht existierten, da man es für äußerst unwahrscheinlich halte, dass Aliens ausgerechnet in Deutschland landen würden. Klingt eigentlich eher nach einer österreichischen Lösung – gibt's nicht, hamma nicht, müsste ich erst im Lager schauen, ob wir das überhaupt schon einmal bestellt haben …

Aber Österreich ist tatsächlich ein Spezialfall in dieser Angelegenheit. Da schauen Sie! Wir gehören nämlich zu den wenigen Ländern, die nicht nur den Weltraumvertrag unterzeichnet haben, das kann jeder. Sondern auch den sogenannten Mondvertrag, eine Erweiterung des Weltraumvertrags. Und der hat einen sehr exklusiven Unterzeichnerkreis. Im Wesentlichen handelt es sich dabei um Länder, die zu arm oder unbedeutend für die Raumfahrt waren und deshalb kein kommerzielles oder militärisches Interesse am Weltraum unter besonderer Berücksichtigung des Mondes anmelden konnten …

Dieser Zusatzvertrag regelt in Artikel 5, Absatz 3, was zu tun wäre, wenn im Weltall »eine Gefahr für das Leben und die Gesundheit der Menschheit« oder »irgendwelche Anzeichen von organischem Leben« entdeckt würden. Was beides auf Aliens durchaus zutrifft. (Und was im Falle etwa von Mikroben, die auf links gedreht sind, auch nicht ganz ungefährlich sein könnte für das Leben auf der Erde, wie wir später noch besprechen werden.) In diesem Fall muss auf jeden Fall sofort der UN-Generalsekretär unterrichtet werden. So lautet das Prozedere für Österreich. Oder: So würde es lauten, wenn ausreichend viele Länder den Mondvertrag unterzeichnet hätten, um ihm offizielle Gültigkeit zu verschaffen. Das war aber nicht der Fall, also ist es am Ende doch wieder egal, wem man wann Bescheid sagt. Aber vielleicht landen die Aliens ja praktischerweise direkt in der UNO-

City in Wien, dann sind wir in Österreich auf jeden Fall auf der sicheren Seite und müssen gar nichts tun. Das ist uns eigentlich immer am liebsten. Und falls die außerirdischen Gäste als Allererstes sagen sollten: »Hello, we are se Aliens. We send greetings to all se inhabitans of se planet earth«, dann wissen wir, sie haben unterwegs Kurt Waldheim getroffen.

Wenn man sich aktuell das Ängste schürende Gerede aus diversen Innenministerien der Welt anhört, dann muss man fast davon ausgehen, dass illegale Einreisen selbst aus Outta Space ein realistisches Szenario sind. Wesentlich schwieriger würde es hingegen wohl, als extraterrestrischer Ausländer einen permanenten Aufenthaltstitel zu bekommen. Oder nicht auf einen sicheren Dritt-Planeten abgeschoben zu werden. Verhaltensauffällige Multimilliardäre würden jederzeit ihre Raumschiffe dafür zur Verfügung stellen, wenn sie mit einem derartigen PR-Stunt ihr Ego streicheln könnten. Allerdings muss man für die Einreise auf die Erde erst einmal unser Sonnensystem betreten. Illegal, das ist klar, oder illegitim, wie solche, die sich für ein bisschen sophisticateder halten, es neuerdings lieber nennen. Aber anders geht es nicht, denn es gibt keine Einreisebehörde und keinen Grenzübergang. Was daran liegt, dass wir auch nach Jahrtausenden Himmelsbeobachtung eines immer noch nicht kennen, nämlich

DAS ENDE DES SONNENSYSTEMS

Ganz genau, liebes Kapitel »Ende des Sonnensystems«. Jetzt passt es, wir sind ja kompromissbereit, und Sie sehen, unsere Hand ist jederzeit ausgestreckt. Also, Zimtschnecke oder Croissant? Nein, wir möchten Sie nicht hungrig machen. Beides hat tatsächlich etwas mit dem Ende des Sonnensystems zu tun. Aber der Reihe nach.

Die überraschende Entdeckung des Uranus Ende des 18. Jahrhunderts hat die Ausdehnung des Sonnensystems auf einen Schlag verdoppelt – also nicht wirklich, aber für unsere beschränkten Gehirne. Damit hat sich auch das angenommene räumliche Ende des Sonnensystems gewaltig verschoben. Bis dahin war Saturn der äußerste Grenzposten – Uranus ist beinahe doppelt so weit von der Sonne entfernt. Überraschend war die »Entdeckung« des Uranus auch insofern, weil man den Guten schon seit Jahrtausenden kannte, denn man kann ihn gerade noch so mit freiem Auge am Himmel sehen. Nur hatte ihn niemand als Planeten identifiziert. Bis Wilhelm Herschel mit seinem selbst gebastelten Teleskop daherkam, den vermeintlichen Stern von seinem Garten in Bath, UK, aus beobachtete und sich (wahrscheinlich) dachte: »*Der* sieht aber irgendwie komisch aus.«

Herschels Teleskop hatte zum ersten Mal die notwendige Vergrößerung, um zu erkennen, dass der Punkt nicht ganz so punktförmig war wie die Punkte der anderen Sterne. »Da schau ich einmal nach«, mag er sich gesagt haben und war vermutlich ähnlich aufgeregt wie Edwin Hubble anderthalb Jahrhunderte später. Wie Sie noch sehen werden. Details sind allerdings nicht überliefert. Vielleicht war er anfangs auch gar nicht so sehr aus dem (Garten-)Häuschen, denn er beschrieb Uranus zunächst als »nebulösen Stern« und glaubte, einen neuen Kometen entdeckt zu haben. Die Kometenjagd war ja ein beliebtes Hobby bei den Herschels, in dem sich vor allem Wilhelms Schwester Caroline hervortat. Als durch die Arbeit anderer Astronomen jedoch klar wurde, dass das Ding doch eine ziemlich kreisförmige Bahn hatte und eher in die Kategorie der Planeten passte, dürfte Herschel jedoch auch nicht enttäuscht gewesen sein über die anfängliche Fehleinschätzung. Die Entdeckung eines neuen Planeten war natürlich besser und ein großes Trara. Wer hat schon eine Planetenentdeckung in seinem Portfolio! Es war der Beginn seiner Karriere als hauptberuflicher Astronom, denn König George III. stellte ihm fortan ein jährliches Stipendium zur Verfügung – unter der Voraussetzung, dass er nach Windsor zog und die königliche Familie durch sein Teleskop schauen ließ.

Als Entdecker durfte er sich auch einen Namen für den Planeten aussuchen und wollte ihn »George« nennen. Wie obigen englischen König. Das macht ihn nicht ganz so korrupt und unterwürfig, wie wenn man sich (als Staatschef) Anfang 2025 Trump-Coin gekauft hat. Aber sein Vorschlag resultierte doch auch nicht nur aus gutmütigem Überschwang, sondern war einer realistischen Einschätzung seines Gönners geschuldet. Das wiederum kam in der internationalen astronomischen Community so halbgut an, woraufhin einige Kompromissalternativen vorgeschlagen wurden, darunter »Neptune George« oder »Neptune Great Britain«. Der Zwist wogte lange hin und her, und erst im Jahr 1850 sollte der vom deutschen Astronomen Johann Bode vorgeschlagene Name »Uranus« mit der Aufnahme in den *Nautical Almanac* offiziell werden. Das war also, ein paar Jahre nachdem schon der nächste Planet entdeckt worden war: genau, Neptun. Der durfte dann anscheinend die erste Hälfte der verschmähten Namensvorschläge abstauben.

Neptun ist wiederum selbst etwas Besonderes: Er ist der einzige Planet, der nicht durch Beobachtung, sondern durch Berechnung entdeckt wurde. Gut, zuerst wurde schon etwas beobachtet, nämlich Abweichungen des Uranus von seiner erwarteten Position am Himmel. Aus diesen Abweichungen errechneten die zwei Mathematiker John Couch Adams und Urbain Le Verrier unabhängig voneinander die zu erwartende Position des Störenfrieds, der den Uranus von seiner Bahn abbrachte. Dieser wurde dann 1846 von Johann Gottfried Galle auch genau dort gefunden, wo Le Verrier ihn vorhergesagt hatte – allerdings erst nach einiger Bettelei seitens des Theoretikers, denn die Beobachter mit ihren großen Teleskopen waren zunächst einmal mit Kometen beschäftigt, oder zumindest mit wichtigeren Dingen als den Vorhersagen von Mathematikern.

Damit hatte man also Neptun, doch auch der verhielt sich auf seiner Bahn nicht ganz regelkonform. Was ziemlich schnell für Spekulationen über die Existenz eines weiteren Planeten sorgte, der die Bahnen der anderen störte: Planet X. Ja, der hieß auch schon damals so und war genau wie heute auch schon vor 120 Jahren irgendwie ein bisschen fragwürdig. Von Anfang an schien der Suche nach Planet X ein leicht pseudowissenschaftlicher Geruch anzuhaften. Der wohlhabende Unternehmer und Astronomie-Enthusiast Percival Lowell gründete zu dem Zweck ein eigenes großes Observatorium, wo der Planet 1930 schlussendlich auch gefunden wurde – allerdings nicht genau dort, wo er hätte sein sollen. Er war außerdem wesentlich weniger hell als erwartet und darum auch viel kleiner als gedacht.

Schnell wurde klar, dass so ein kleines Ding nicht genug Masse haben konnte, um die beobachteten Störungen zu verursachen. Pluto, wie man die Neuentdeckung nannte, war also im Endeffekt ein Zufallsfund – und eigentlich nicht Planet X. Seine Umlaufbahn unterschied sich zudem von denen der beiden zuvor neu entdeckten Planeten, denn sie war nicht beinahe kreisförmig, sondern sehr elliptisch. Zudem befand sie sich nicht auf einer Ebene mit den Bahnen der anderen Planeten. Wegen dieser planetenuntypischen Bahn wurde sein Planetenstatus auch sofort angezweifelt. Schon ein paar Monate nach seiner Entdeckung wurden Vermutungen laut, dass es sich bei dem neu entdeckten Himmelskörper um eine andere, vielleicht neue Art von Objekt handeln könnte, die Kometen oder Asteroiden ähnelte, aber größer war.

Und das war völlig richtig. Die Internationale Astronomische Union (IAU) bequemte sich allerdings erst 75 Jahre später, sich mit dem Thema auseinanderzusetzen. Bis in die 1990er-Jahre war Pluto das entfernteste Objekt – also quasi das Ende – des Sonnensystems, obwohl er dank seiner elliptischen Bahn schon ab 1979 näher an der Sonne dran war als Neptun. Das blieb zwar nur für 20 Jahre so. Trotzdem sollte Pluto seinen Status als Randerscheinung des Sonnensystems nicht mehr zurückbekommen. Denn schon Anfang der 1990er-Jahre wurden andere, plutoähnliche Objekte im äußeren Sonnensystem gefunden, die sogenannten Transneptunischen Objekte. Da die aber alle kleiner waren als Pluto und die Welt damals noch nicht so woke war wie heute, konnte man deren Existenz und Bedeutung für das Sonnensystem noch eine Zeit lang recht einfach ignorieren. Doch spätestens 2005 war mit der Entdeckung von Eris Feuer am Dach. Eris war nicht nur circa gleich groß wie Pluto, sondern hatte sogar deutlich mehr Masse. Töröóö – hier war Planet Nummer zehn, denn es gab keinen vernünftigen Grund, Eris vom Planetendasein auszuschließen, solange Pluto dazugehören durfte. Glücklicherweise traf die IAU dann 2006 auch die vernünftige Entscheidung, Pluto aus dem Kreis der Planeten zu verbannen. Zum Preis der Einführung einer neuen Kategorie an Objekten: den Zwergplaneten. Unglücklicherweise sah sich die IAU aber im Zuge dessen auch dazu gezwungen, die Kategorie Planet neu zu definieren, was leider weniger gut gelungen ist. Die Astronomie sollte sich generell von Definitionen fernhalten.

Aber auch die Zwergplaneten und die anderen Transneptunischen Objekte sind eigentlich nur der Anfang des Endes. Der Bereich jenseits der Bahn des Neptun, in dem sich auch Pluto und die anderen Zwergplaneten befinden, heißt Kuipergürtel, nach dem niederländischen Astronomen Gerard Kuiper. Und das ist ein ganz guter Indikator dafür, wie schlecht wir uns in diesem Grenzbereich des Sonnensystems auskennen. Im Science-Busters-Buch *Das Universum ist eine Scheißgegend* stand dazu: »Gerard Kuiper war zwar ein hervorragender Astronom, aber den Kuiperbelt hat er eben gerade nicht entdeckt. Er hat vielmehr das Gegenteil behauptet, nämlich dass Pluto gravitativ so ein Chef sei, dass er mit seiner Schwerkraft alle Objekte raus zur Oortschen Wolke schickt. Das bedeutet, er hat postuliert, dass es dort, wo heute bekanntermaßen der Kuiperbelt liegt, mit geschätzten mehr als 70 000 Objekten mit einem Durchmesser von mehr als 100 Kilometern und noch zigtausendmal mehr kleineren, gar nichts gibt. Er hat also die Nichtexistenz eines Kuipergürtels vorhergesagt, und deshalb wurde folgerichtig der Kuipergürtel nach ihm benannt. Spitze! Richtiggelegen sind andere, aber deren Namen trägt der Gürtel nicht.«

Das waren der amerikanische Astronom Frederick Leonard, der schon 1930, nach der Entdeckung von Pluto, darüber spekuliert hat, ob Pluto nicht eines von vielen Objekten hinter der Bahn des Neptun sein könnte, und der irische Astronom Kenneth Edgeworth, der 1943 in einer wissenschaftlichen Arbeit erklärt hat, dass sich so fern der Sonne eigentlich keine Planeten bilden können. Weshalb die Region hinter der Neptunbahn von vielen kleinen Himmelskörpern bevölkert sein sollte. Erst 1951 erschien eine Arbeit von Gerard Kuiper, der ähnliche Gedanken wie Edgeworth äußerte, allerdings eben zu einer ganz anderen Schlussfolgerung kam. Dass der nun aber doch existierende Asteroidengürtel gerade nach dem Mann benannt ist, der behauptet hat, es würde ihn nicht geben, ist eine der vielen historischen Kuriositäten in der Wissenschaft. Wenn alles mit rechten Dingen zugegangen wäre, würde man die Region heute Leonard-Edgeworth-Gürtel nennen. Tun wir aber erstens nicht, und zweitens können Sie durch die Erwähnung der Oortschen Wolke erahnen: Der Kuipergürtel ist auch noch nicht das Ende der Fahnenstange im Sonnensystem.

Wie sieht dieser ominöse Etikettenschwindler namens Kuipergürtel nun aber aus? Man kann ihn sich als eine Art gigantische, aber sehr dünn besiedelte Scheibe vorstellen, in der sich Brocken aus Eis und Gestein auf sehr langen, aber stabilen Bahnen um die Sonne bewegen. Die Objekte sind dabei nicht gleichmäßig verteilt, sondern häufen sich, beeinflusst durch die Gravitationskraft des Neptun, in Ringen, ähnlich wie die Ringe des Saturn, nur eben nicht so dicht. Das ist der klassische Kuipergürtel, in einer Entfernung zwischen 30 und 50 Astronomischen Einheiten (AE), also 30- bis 50-mal der Entfernung zwischen Erde und Sonne. Weiter draußen allerdings wird die Situation etwas unklarer. Es gibt dort definitiv noch Unmengen an weiter entfernten Objekten, wie zum Beispiel die 2003 entdeckte Sedna. Momentan ist dieses Objekt etwa 80 AE von uns entfernt, aber damit sehr nahe an seinem sonnennächsten Punkt. Auf der anderen Seite seiner extrem lang gezogenen elliptischen Bahn sind es 937 AE, also fast 1000-mal die Entfernung zwischen Erde und Sonne. Das im Moment am weitesten von uns entfernte Objekt, das definitiv noch Teil unseres Sonnensystems ist, heißt 2018 AG37, Spitzname: Farfarout. Das ist keine indigene Sprache oder französisch wie Passe-Partout, sondern einfach englisch verballhornt. 2018 AG37 heißt also

»Weitweitweg«. Astronomen sollten, wie Sie sehen, nicht nur keine Definitionen aufstellen, sondern auch keine Dinge benennen dürfen, die weit weg liegen.

Diese Objekte gehören also nicht mehr zum Kuipergürtel, da sie zu weit entfernt sind, um noch von Neptun beeinflusst zu werden. Sedna gilt als einer der ersten Bewohner der sogenannten Oortschen Wolke, ein immer noch nicht durch Beobachtungen nachgewiesenes Konstrukt, eine Art Asteroiden-Bubble von gigantischen Ausmaßen, die die Sonne, die Planeten und den Kuipergürtel umgibt wie eine Atmosphäre aus Stein und Eis.

Und wie groß soll diese unbequem klingende Wolke sein? Mindestens ein Lichtjahr, vielleicht auch zwei, also etwa 100 000 AE. Aber genauer wissen wir nicht, wo das Sonnensystem endet. Ein intuitiv denkender Mensch könnte vermuten: warum nicht einfach da, wo die Anziehungskraft der Sonne aufhört? Doch so einfach ist die Sache leider nicht, denn die Gravitation hört nicht einfach irgendwo auf, sondern wird nur schwächer und schwächer. So lange, bis die Anziehungskraft der Sonne so schwach ist wie die ihres nächsten Nachbarsterns. Doch das Sonnensystem ist dreidimensional und hat nicht nur Nachbarsterne in allen möglichen Richtungen, sondern ist auch eingebettet in die galaktische Scheibe der Milchstraße, das sogenannte interstellare Medium, und im Endeffekt umgeben vom kollektiven gravitativen Einfluss von Milliarden von Sternen, Staub und Gas in unserer Galaxis. Und zu allem Überfluss bewegt sich das Ganze auch noch, Sterne und Gaswolken ziehen an uns vorbei. Sie können gerne mal versuchen, den Spaß als Hausübung auszurechnen – und wenn Sie es schaffen, sich in Stockholm Ihren Nobelpreis abholen.

Und Planet X, der ominöse Zeitgenosse, der die Umlaufbahnen der anderen Planeten zu stören scheint – ist er irgendwo da draußen in den eisigen Weiten des äußeren Sonnensystems? Wahrscheinlich eher nicht. Schon als die Raumsonde Voyager 2 im Jahr 1989 an Neptun vorbeiflog, konnte dessen Masse um einiges genauer bestimmt werden als zuvor. Und dabei stellte sich heraus, dass Neptun um etwa ein halbes Prozent schlanker war als gedacht. Das klingt jetzt nach nicht viel. Wenn solche wie wir ein Prozent unserer Körpermasse verlieren, dann gilt das noch nicht als Abnehmerfolg. Aber bei Neptun entspricht es der Masse eines kleinen Planeten wie etwa dem Mars. Und mit dieser neuen Neptunmasse verschwanden auch die Ungereimtheiten im Orbit des Uranus. Alles schien wieder zusammenzupassen. Und auch in den Bahnen der Pioneer- und Voyager-Sonden gibt es bisher keine Abweichungen, die auf die Anwesenheit eines großen Planeten X schließen ließen. Das heißt natürlich nicht, dass er nicht doch da ist, denn die Oortsche Wolke ist groß und bietet viel Platz, in dem sich diverse im Wesentlichen nicht selbst leuchtende Himmelskörper verstecken können. Aber zumindest ist der vermeintliche Planet X nicht so groß und so nah an der Sonne dran, dass er noch als klassischer Planet durchgehen würde.

Doch noch einmal zurück zu den beiden Voyager-Raumsonden. Hieß es vor ein paar Jahren nicht, Voyager 1 habe das Sonnensystem bereits verlassen – also dessen Ende quasi passiert? Stimmt, das wurde behauptet, aber nein, dem war nicht so. Also na ja, die Aussage ist zwar nicht richtig, aber so falsch, wie man annehmen könnte, ist sie auch nicht. Es gibt nämlich noch einen anderen Einfluss der Sonne auf ihre Umgebung als ihre Anziehungskraft. Es werde Licht. Genau. Die Sonne erzeugt nicht nur Licht, sondern auch einen ständigen Strom an geladenen Teilchen, hauptsächlich Protonen, die mit rasender Geschwindigkeit in alle Richtungen davonfliegen: den Sonnenwind. Und der hat es in sich, wie man gerade im Jahr 2024 auch aus dem ansonsten magnetisch gut geschützten Mitteleuropa beobachten konnte. Er verursacht auf der Erde in erster Linie nur die schönen Polarlichter. Zum Glück nicht mehr. Denn er könnte auch ganz anders. Ohne unser Magnetfeld würde der Sonnenwind die

Atmosphäre wie ein Sandstrahler wegkärchern. Es würde nicht mehr viel von der Biosphäre und von uns übrig bleiben.

Mit größeren Entfernungen wird der Sonnenwind allerdings schwächer, genauso wie das Licht oder die Gravitation, da sich die Teilchen auf einen immer größeren Raum verteilen. Und irgendwann passiert etwas Besonderes: Die Teilchen der Sonne treffen auf die Teilchen des interstellaren Mediums. Gibt es ein Match? Nicht ganz. Aber jede Menge Zeug, das da zwischen den Sternen im sogenannten interstellaren Raum durch die Gegend fliegt. Der Weltraum ist nämlich überhaupt nicht leer, er sieht nur so aus. Natürlich ist es da draußen viel leerer als in einem perfekten Ultra-hoch-Vakuum auf der Erde, nämlich mit etwa einem Teilchen pro Kubikzentimeter noch mindestens 1000-mal leerer. Wenn Sie sich manchmal in Ihrem Leben leer fühlen, dann fragen Sie einmal das Weltall, wie es ihm geht. Ein bisschen was ist aber trotzdem da. Und dieses bisschen reicht irgendwann aus, um den schwach gewordenen Sonnenwind aufzuhalten. Ein wenig wie bei einem Freistoß im Fußball: Als nicht geübter Mensch möchte man lieber nicht in der Mauer stehen, um den Ball aufzuhalten, denn die Wucht ist anfänglich enorm. Aber wenn der Schuss übers Tor geht, rollt der Ball irgendwann aus. Und dann kann ihn auch ein Kleinkind mit der Hand ganz leicht stoppen. Diese Grenze, an der das passiert, nennen wir Heliopause. Eine richtige Grenze ist auch das nicht, es ist nur der Bereich, in dem sich ein Druckgleichgewicht zwischen Sonnenwind und interstellarem Medium einstellt. Genau diesen Bereich haben die Voyager-Sonden erreicht, Voyager 1 schon im Jahr 2012 und Voyager 2 dann sechs Jahre später. Sie befinden sich also mittlerweile beide im interstellaren Raum – obwohl sie den gravitativen Einflussbereich der Sonne noch lange nicht verlassen haben.

Die Sonne hat sich mit ihrem Sonnenwind also ihren eigenen Freiraum geschaffen, der uns wie eine riesige Blase umgibt: die Heliosphäre. Und da sich die Sonne ja auch durch die Milchstraße bewegt, hat die Heliosphäre vorne vermutlich eine Art Bugwelle und auf der anderen Seite eine Art Schweif. Oder es könnten auch zwei Schweife sein, denn kürzlich hat ein Forschungsteam die Heliosphäre neu modelliert und kam auf eine rundere, kompaktere Form mit zwei gekräuselten Enden: die Form eines Kipferls. Wir leben also nicht nur in einer galaktischen Zimtschnecke namens Milchstraße, sondern auch in einem kleineren Croissant aus Sonnenwind.

Wo also hört das Sonnensystem tatsächlich auf? Die Antwort, mein Freund, weiß ganz allein der (Sonnen-)Wind. Vielleicht. Vielleicht auch nicht. Denn das Aufhören eines Dings im Weltraum ist meist durch die Eigenschaften aller anderen es umgebenden Dinge da draußen bedingt. Ein bisschen wie beim Zusammenleben der Menschen. Die Freiheit des einen hört dort auf, wo die des anderen beginnt. Und wir müssen uns als Gesamtheit darauf einigen, wo diese Grenzen verlaufen und wie wir alles im Gleichgewicht halten können. Es gibt in der Astronomie keine harten Grenzen, sondern eigentlich immer nur Übergänge. Für aktuelle und Möchtegern-Innenminister:innen vielleicht schlechte Nachrichten, weil man dann keine kompromisslosen Grenzkontrollen mehr anpreisen kann, aber so ist das Universum nun einmal. Und gerade weil es komplexer und überraschender ist als die immer gleichen schlichten Thesen auf einschlägigen Pressekonferenzen, ist es ja so faszinierend.

DAS ENDE DER WELT

Der weltberühmte Fußballer Thomas Müller, bis Sommer 2025 bei Bayern München unter Vertrag, wurde kurz vor seinem Ende beim Rekordmeister gefragt: »Wenn Aliens morgen die Erde angreifen, die Menschheit unterdrücken und sagen: ›O. k., ihr habt noch eine Chance. Ihr dürft euch eine Mannschaft aus der Bundesliga aussuchen, die ein Spiel gegen die beste Alien-Mannschaft spielt.‹ Wen würden wir wählen? Würden wir zurzeit Bayern München oder Bayer Leverkusen wählen, um dieses eine Spiel zu spielen und uns alle zu retten?« Seine Antwort: »Also, da würde ich euch Journalisten fragen. Meine Antwort ist ja völlig klar, oder?« Und er meinte seinen damaligen Arbeitgeber.

Die richtige Antwort aber hätte lauten müssen: Retten kann uns vor dem Untergang und den Aliens keine Mannschaft aus der Deutschen Bundesliga, sondern nur der USV Furth.

Und das kommt so: Anlässlich des 15-jährigen Bestehens der Science Busters haben wir nicht nur eine Jubiläumsshow auf die Bühne gebracht, die Sie hoffentlich gesehen haben, und ein Jubelbuch mit dem Titel *Wissenschaft ist das, was auch dann gilt, wenn man nicht dran glaubt* geschrieben, das Sie hoffentlich gelesen haben, sondern wir haben uns auch Gedanken gemacht, wie man Wissenschaft dort unterbringen kann, wo man nicht damit rechnet. Denn Wissenschaft bestimmt unser modernes Leben, ob wir das gut finden oder nicht. Aber besser, Sie finden es gut, denn es *ist* gut. Ohne Wissenschaft können wir uns den Fortschritt und unser modernes Leben, so wie wir sie kennen, aufselchen. Das gilt für alle Menschen, auch für die Einfaltspinsel, die die ganze Zeit von Technologieoffenheit schwafeln, weil sie zu faul sind, die Klimakrise mit der Technik in Angriff zu nehmen, die wir bereits haben, oder weil sie noch Geld mit anachronistischen, schädlichen Technologien verdienen wollen. Und es gilt selbst für die Blödmänner, die Pferdeentwurmungsmittel für wirkungsvoller gegen eine Infektionskrankheit wie Covid-19 halten als eine Schutzimpfung. Auch solche kommunizieren übers Internet, fliegen mit Flugzeugen, waschen ihre Schmutzwäsche mit der Waschmaschine und verlassen sich aufs Satellitennavigationssystem am Handy. Genau deshalb haben wir Wissenschaft an einen Ort gebracht, an dem man sie nicht suchen würde, wo sie aber auch stattfinden sollte. Nämlich auf den Fußballplatz.

Wir Science Busters haben die Trikots des Fußballvereins USV Furth gesponsert, der daher seit 2023 in wunderschönen rosa Outfits auf dem Platz steht. Wenn man sehen möchte, wie das aussieht – wo muss man da hinfahren? Wie weit furt ist Furth? Furth bei Göttweig ist ein wunderschöner kleiner Ort direkt in der Wachau. Am Fuß des Göttweiger Berges, unterhalb von Stift Göttweig, direkt gegenüber von Krems an der Donau. In dieser Gemeinde ist Florian Freistetter aufgewachsen, darum haben wir diesen Verein ausgesucht für unser Projekt. Nicht zuletzt, weil der USV Furth in einer wunderbaren Liga spielt, in der 2. Klasse Südliches Waldviertel/Wachau. Wenn man dort spielt, muss man sich keine Sorgen um den Abstieg machen. Mit dem ersten Ankick der Saison ist das Ziel Klassenerhalt bereits erreicht. Was will man mehr. Marillenliga wird diese Liga auch genannt, weil in der Wachau traditionell Marillen, also Aprikosen, im großen Stil kultiviert werden. Die Trikots sind mit vielen Schmuckelementen verziert: Natürlich ist da der Science-Busters-Planet, aber auch Heinz Oberhummer ist zu sehen, der Mitbegründer des Ensembles, Alpakas, Asteroiden, der österreichische Bundesadler, aber statt mit Hammer und Sichel in den Krallen mit Windrad und PV-Anlage, und, und das ist weltweit einzigartig, der USV Furth ist der einzige Fußballverein, der auf dem Trikot eine mathematische Formel stehen hat. $F = m \times a$. Das bedeutet aber nicht **F**urth spielt in der **m**arillenliga und kann nicht **a**bsteigen, sondern es handelt sich um das zweite Newton'sche Axiom. Nicht deshalb das zweite, weil es billiger war als das erste, das wir uns nicht leisten konnten, sondern weil das zweite Axiom elementar ist beim Fußballspielen. Und, und jetzt kommen die Aliens wieder ins Spiel, auch bei der Auslöschung allen Lebens auf der Erde. Es sagt aus, dass gilt: Kraft (F) ist gleich Masse (m) mal Beschleunigung (a). Das braucht man überall, beim Toreschießen in der Marillenliga und im gesamten Universum. Auch wenn die Aliens uns vernichten wollten. Denn falls sie uns nach der offiziellen Begrüßung eröffnen, alles Leben auf dem Planeten schnellstmöglichst eliminieren zu wollen, dann können wir sicher sein, dass sich die Ankömmlinge aus dem All davor sehr ausführlich mit dieser Formel beschäftigt haben.

Und wenn sie es auf die Erde geschafft haben, egal ob in Auerbachs Keller oder in die UNO-City Wien, dann haben sie vor dem Flug durch Raum und Zeit zu uns sehr viele Probleme gelöst, die für uns noch welche sind. Und sind uns vermutlich haushoch überlegen. Wenn sich das in ethischer Überlegenheit ausdrückt und sie dafür sorgen, dass Egomanen nicht die Zukunft der Menschheit am Altar ihrer primitiven Bereicherungsgelüste opfern, dann hätten wir Glück. Deutlich wahrscheinlicher kommen sie aber deshalb vorbei, weil sie ihren Planeten ebenso aufgehaust haben, wie wir das gerade mit unserem machen, und eine neue Heimstätte kapern möchten. Auch bei uns meinen ja manche, wir müssten nicht unser Leben und die Art, wie wir den Planeten bewohnen, ändern, damit das auch weiterhin und für viele Generationen möglich bleibt, sondern nur ein paar Raketen bauen, um auf den Mars auszuwandern. Dann kann es leicht sein, dass wir frisch geduscht und gekämmt im Sonntagsanzug Aufstellung genommen haben, um die Aliens zu begrüßen, sie den Gruß aber erwidern, indem sie uns eröffnen: »Schluss mit Small Talk, das war's jetzt hier. Wir wollen nur den unbewohnten Planeten, ohne Leben, wir bringen unser eigenes mit.«

Das klingt erst einmal ungemütlich, aber auch ein bisschen vermessen. Denn wie soll man das gesamte Leben auf der Erde auslöschen? Menschen sterben leicht, ja, das können wir im Alltag leider ohne Weiteres beobachten. Und vielleicht sterben wir auch bald als Spezies aus, wenn wir so weitermachen. Aber es gibt ja deutlich zählebigere Organismen als uns. Manche vergnügen sich fröhlich am Grund von Schwefelseen, andere überleben jahrhundertelang unter kilometerdicken Gletschern – die wird man nicht so einfach los. Allerdings hat niemand etwas von einfach gesagt. Und die Naturgesetze, so wie wir sie beschreiben, gelten im gesamten Universum. Wenn es die Außerirdischen also bis zu uns geschafft haben, kennen sie auch die Formel für kinetische Energie: $E = \frac{1}{2} \times m \times v^2$. Energie ist Masse mal Quadrat der Geschwindigkeit halbe. Um diese Formel zu bestimmen, muss man das zweite Newton'sche Axiom kennen.

Es gibt tatsächlich eine wissenschaftliche Arbeit (in dem Fall irdischen Ursprungs), in der untersucht worden ist, was man tun müsste, um alles Leben auf der Erde auszulöschen. (Als Referenzwert hat man das wirklich zählebige Bärtierchen genommen, und wie zählebig diese winzigen Lebewesen sind, können Sie gerne in unserem Buch *Das Universum ist eine Scheißgegend* nachlesen. Alles, was noch hartnäckiger am Leben hängt als das Bärtierchen, hat man in dieser Arbeit ignoriert, was natürlich ganz und gar keinen Weltuntergang darstellt, denn dabei geht es nur mehr um Nuancen.) Man hat das aber nicht erforscht, um herauszufinden, unter welchen Umständen sich die Weltherrschaft übernehmen ließe, sondern als Grundlagenforschung. Um zu wissen, wie die Dinge funktionieren – oder eben in diesem Fall, was passieren muss, damit das Leben auf der Erde endgültig aufhört zu existieren. Die Berechnungen sind sehr komplex. Aber aufs Wesentliche heruntergebrochen muss man zur Auslöschung von allem nur eine ausreichend große Menge an Energie auf die Erde übertragen. Ziemlich genau so viel, wie auch nötig wäre, um die Meere zum Kochen zu bringen. Ah, eh nur. Wie soll das gehen?

Schon heute kann man beobachten: Wenn in einem Ozean ein gigantischer Vulkan explodiert, dann ist das allen anderen Weltmeeren völlig egal. Das könnte daran liegen, dass ein gigantischer Vulkan nicht genug Energie auf die passende Weise freisetzen kann. Man kann diese kritische Menge an Energie jedoch lostreten, wenn man die passende Formel beherzigt: Man müsste nur etwas mit ausreichend großer Masse auftreiben und auf die Erde werfen. Einen Asteroiden mit einem Durchmesser von etwa 250 Kilometern zum Beispiel. Und wo findet man den? Davon gibt es im Sonnensystem mehr als genug, nicht nur der Kuipergürtel und die Oortsche Wolke sind voll damit. Auch in unserer Nähe drehen einige ihre Runden.

Und ein paar kennen wir persönlich, etwa den Asteroiden Vesta. Der fliegt draußen zwischen den Umlaufbahnen von Mars und Jupiter. Und wenn es den Aliens gelingen würde, seine Umlaufbahn so zu ändern, dass er auf die Erde stürzt, was technisch möglich ist, dann könnte man nach dem Einschlag bei uns mit Asteroiden kochen. Es handelt sich dabei um ein derart grundlegendes Prinzip, dass kaum denkbar ist, dass Außerirdische, die eine bemannte Reise durchs All bewerkstelligen, damit nicht vertraut sind. Auch bei uns lernen viele Menschen dieses Prinzip oft eindrucksvoller kennen, als ihnen lieb ist. In jeder Bewegung steckt Energie, und diese Energie kann man in Wärmeenergie umwandeln. Das merken Sie etwa dann sofort, wenn Ihnen nach einer schallenden Ohrfeige die Wange brennt. Dass man in strengen Wintern so notfalls heizen könnte, wäre aber ein Fehlschluss. Und: »Ich zünd dir eine« ist sehr wahrscheinlich doch eine Drohung und kein Angebot, gemeinsam die Heizkosten zu senken.

Wie viel Wärme man auf diese Weise übertragen kann und dass man damit eventuell sogar ein Grillhendl garen könnte, hat der US-Amerikaner Louis Weisz herausgefunden. Auch das ist eine Frage der Energie, die in Wärme umgewandelt wird. Es ginge entweder mit einem sehr schnellen und festen Schlag, das wäre quasi Fast Food. Sehr schnell bedeutet in dem Fall allerdings, die Hand mit 1000 m/s zu bewegen. Und, das werden Sie einsehen, das muss man wirklich lange üben. Also lieber langsamer, aber dafür öfter. Wie oft? Louis Weisz hat in nahezu unzähligen Versuchen eine Maschine gebaut, mit der man ein Brathuhn so lange schlägt, bis es durch ist. Mit dem Meat Beater 9000 ist er noch gescheitert, aber mit dem Poultry Punisher hatte er Erfolg. Indem er den Beruf des Fleischhauers völlig neu definierte, konnte er nach einigen geschlagenen Stunden ein Brathuhn servieren, das zumindest mathematisch-theoretisch durchgegart war. Wer es gesehen hat, wir verlinken das Video in den Endnoten, dem wird das Wasser im Mund, wenn überhaupt, dann äußerst zögerlich zusammenlaufen. Aber es gilt als durch und stellt unsere Überlebensversicherung im Fall der Alien-Apokalypse dar. Denn wenn die frisch gelandeten Aliens vorhaben, uns auszulöschen, dann können wir ihnen dieses Hendl aufwarten und entweder hoffen, dass sie an einer Salmonellenvergiftung eingehen, oder ihnen damit zeigen, dass wir die Formel für kinetische Energie ebenso beherrschen und daher wissen, wie man solche wie sie hendlt.

WELTUNTERGANG FÜR FORTGESCHRITTENE

Wenn Sie nun einwenden, das vorige Kapitel war mit »Das Ende der Welt« überschrieben, hat aber gar nicht davon gehandelt, so haben Sie einen Punkt, wie man sagt. Wenn man sich nicht konzentriert und seine Anglizismen ins Kraut schießen lässt. Um den Weltuntergang ist es tatsächlich vorderhand nicht gegangen, aber hinterhand doch.

Denn ohne einen hollywoodreifen Auftritt von Außerirdischen können sich viele Menschen einen Weltuntergang gar nicht vorstellen. Außerdem verwechseln sie diesen konsequent mit einem Untergang der Menschheit. Aber nicht einmal mit einem realistischen Szenario wie einer Pandemie, einer Klimakatastrophe oder einem Atomkrieg, sondern mit der Wiederkehr ihres Gottes. Showtime-Höhepunkt ist dabei in der Regel die Leerung der Gräber, und dann hat der Herrgott alle Hände voll zu tun, um die Guten ins Töpfchen und die Schlechten ins Kröpfchen zu verorten, also gen Himmel oder Hölle oder wie auch immer das jeweils genannt wird. Die gängigen Weltuntergangsfantasien sind vergleichsweise schlicht und orientieren sich meist an Naturkatastrophen, denn so gut wie alle großen Religionen sind vor mindestens eineinhalb Jahrtausenden erfunden worden. Weshalb die restliche Biomasse, jenseits der Menschen, auch kaum eine Rolle spielt. Dafür flattern jede Menge Engel herum.

In unserem Buch *Das Universum ist eine Scheißgegend* haben wir uns mit angekündigten, aber nie stattgefundenen Weltuntergängen beschäftigt, etwa mit denen der Milleriten und insbesondere mit ihrem »Great Disappointment«, nachdem der Menschensohn dem Jüngsten Gericht schon wieder unentschuldigt ferngeblieben war. Die danach aus der enttäuschten Fangemeinde entstandenen Zeugen Jehovas haben sich noch ein Jahrhundert lang den Spaß erlaubt, genaue Jahreszahlen für den nächsten Weltuntergang zu publizieren, es dann aber wegen Unverlässlichkeit des Vorsitzenden zumindest in der Öffentlichkeit bleiben lassen.

Dabei müsste das Ende der Menschheit gar nicht so kompliziert und ungewiss sein, wie sich das Religionsfunktionäre ausmalen. Gott persönlich hat den Termin mithilfe der Mathematik sehr genau eingegrenzt. Und wer wollte Gott misstrauen, hat er doch Himmel und Erde erschaffen? Hat er nicht, das würde er jederzeit von sich weisen. Und auch belegen können. Bei Gott handelt es sich nämlich nicht um den unsichtbaren Superherrscher über alles, den wir Menschen uns im Laufe der Zeit in unzähligen Varianten ausgedacht haben, sondern um den Gott, der sich als einer der Ersten mathematisch mit unserem potenziellen Ende beschäftigt hat. Den Kosmologen John Richard Gott III.

Der irdische Gott hat in einer kontroversen Publikation eine Formel veröffentlicht, mit der er behauptete, das Ende der Welt vorhersagen zu können. Jetzt kommt es zwar öfter vor, dass Kosmologen abenteuerliche Theorien zur Vorhersage der Zukunft unseres Universums aufstellen, denn das ist ja auch ihr Beruf. Doch eine Formel für das Ende der Welt? Da läutet doch gleich unser wissenschaftlicher Bullshitalarm, noch dazu, wenn die Behauptung von Gott dem Dritten kommt.

Dabei ist Gott ein seriöser Wissenschaftler. Als Kosmologe beschäftigte er sich hauptsächlich mit der Entwicklung der großen Strukturen im Universum, den sogenannten Filamenten. Gott entdeckte zum Beispiel die Sloan Great Wall, die mit über einer Milliarde Lichtjahren Durchmesser zu den größten bekannten Strukturen im Universum zählt.

Wie kam es also zur absurden Formel? Er hat sie sich als Zeitvertreib ausgedacht, als er als Student durch Europa reiste. Bei einem Besuch in Berlin 1969 hatte er einem Freund gegenüber der Berliner Mauer mit einer vergleichbaren Formel eine weitere Existenz von 2 bis 24 Jahren bescheinigt. Als es gut 20 Jahre später wirklich so weit war mit deren Ende, inspirierte ihn seine jugendliche Voraussicht dazu, sein »Doomsday Argument« auszuformulieren und zu veröffentlichen. Darin berechnet er, dass unsere Spezies Homo sapiens mit 95-prozentiger Wahrscheinlichkeit frühestens in 5100 und spätestens in 7,8 Millionen Jahren das Zeitliche segnen wird.

Wie kann ein Kosmologe die Zukunft besser vorhersagen als Nostradamus? Wie alles in der Wissenschaft ist auch das Ende nur eine Frage der Wahrscheinlichkeit. Gotts Argument ist ein rein statistisches und genial einfach: Es bezieht sich auf unsere bisherige Existenzdauer, die Gesetze der Wahrscheinlichkeitsrechnung und die Tatsache, dass alles früher oder später zu Ende geht. Und noch eine wichtige Bedingung gibt es: den Zufall. Die Formel gilt nur, wenn wir uns rein zufällig irgendwo zwischen Anfang und Ende der uns gegebenen Zeit befinden. Es ist einfach ziemlich unwahrscheinlich, dass wir ganz am Anfang oder ganz am Ende einer Zeitspanne landen, wenn wir zufällig dazustoßen. Am wahrscheinlichsten sind wir irgendwo in der Mitte.

Gotts Formel ist also überhaupt nicht speziell für das Ende der Menschheit gedacht, sondern für das Ende von allem konzipiert, vorausgesetzt, es gibt keine Zusatzinformationen darüber, wie es um dieses Ende steht. Die Formel eignet sich also nicht, um zum Beispiel das voraussichtliche Ende unserer Zivilisation durch den menschengemachten Klimawandel zu berechnen. Allerdings haben wir da auch so eine relativ gute Idee davon, wie nah uns das Ende ist, vorausgesetzt, wir tun weiterhin nichts oder viel zu wenig dagegen. Und danach sieht es aus.

Aber nehmen wir an, Sie wollen das Ende einer Begebenheit mit unbekanntem Ausgang berechnen. Dazu müssen Sie wählen, wie treffsicher die Vorhersage sein soll. In der Statistik gilt die 95-prozentige Wahrscheinlichkeit gemeinhin als »Minimalwert« für statistische Signifikanz. Wählen wir die 95 %, bleiben uns also 5 % unserer Zeitspanne, in der wir uns höchstwahrscheinlich nicht befinden. Davon sind 2,5 %, also ein Vierzigstel, ganz am Anfang und genauso ein Vierzigstel ganz am Ende. Wenn wir also am Anfang der Zeitspanne stehen, haben wir noch 39/40 vor uns, also das 39-Fache der bereits vergangenen Zeit. Anders gesagt: Die bestehende Dauer einer Angelegenheit multipliziert mit 39 ergibt mit 95-prozentiger Wahrscheinlichkeit dessen Ende.

Daraus erkennen wir sofort: Das Doomsday Argument kann auch genauso Anlass für Zuversicht sein. Ihr langweiliges Meeting dauert nun schon eine halbe Stunde? Mit ziemlicher Sicherheit wird es in 19,5 Stunden auch wieder vorbei sein. Sind Sie nun schon seit 10 Jahren verheiratet, wird sich daran auch in den nächsten 3 Monaten höchstwahrscheinlich nichts ändern. Und die Menschheit hat es nach dieser Rechnung eben frühestens in 5100 und spätestens in 7,8 Millionen Jahren hinter sich. Und das ist vermutlich deutlich präziser als alle anderen folkloristisch-religiösen Avisos.

Wobei manche es sich durchaus schwerer machen, als einfach nur anhand von Bibelversen ein Datum für die Wiederkehr des Erlösers auszurechnen. In den evangelikalen Kreisen der USA glauben welche, dass erst der Tempel in Jerusalem wiederaufgebaut werden muss, damit der Menschensohn kommen, den Teufel vom Thron vertreiben, auf ihm Platz nehmen könne, dem Thron natürlich, nicht dem Teufel, und damit den Weltuntergang einläuten kann. (Orthodoxe Juden brauchen dazu noch eine rote Färse, eine erwachsene Kuh mit rötlichem Fell, die nie gekalbt hat und noch anderen strengen Kriterien entsprechen muss. Bevor sie verbrannt wird, weil man eigentlich nur ihre Asche benötigt …)

Der Haken: Der Tempel ist bekanntlich vor knapp 2000 Jahren zerstört und nicht mehr aufgebaut worden. Was ungeachtet der aktuellen städtischen Raumordnung von Jerusalem die Angelegenheit noch erschwert: Er müsste genau dort wiedererrichtet werden, wo heute der Felsendom steht, auf dessen Planierung aber Muslime keinen Bock haben dürften. (Die haben darüber hinaus ihre eigenen Abrissbirnenvorlieben. Da muss unter anderem ein dünner, mit Alopezie geschlagener Äthiopier kommen und den Bauplatz frei machen, auf dem heute die Kaaba steht …) Wie dem auch sei: Erst dann könne in diesen dritten Tempel – zwei sind ja schon kaputt – der Satan einziehen, eine Zeit lang so tun, als wäre er der Erlöser, um schließlich vom echten Christenchef enttarnt und besiegt zu werden. Das alles ist quasi Amuse-Bouche, bevor das Jüngste Gericht serviert werden kann, das viele mit dem Weltuntergang gleichsetzen. Und so absurd das alles klingen mag: Wenn man sich den Einfluss von evangelikalen Kreisen auf die aktuelle US-Regierung und einige ihrer Vorgängerinnen ansieht, so steht zu befürchten, dass es dennoch eine gewisse Wirkung auf geopolitische Prozesse ausübt. Soll noch einer sagen, Fantasy hätte keinen Einfluss auf unser reales Leben.

Zurück vom Weltuntergang für Anfänger zu dem für Fortgeschrittene, also zum echten Weltuntergang. Das, was wir uns als Weltuntergang ausmalen und politisch benutzen, um andere auszubeuten, mag unangenehm und dramatisch für uns Menschen sein. Der Welt ist das völlig egal. Die Erde ist ein ausgewachsener Planet; eine Kugel aus Gestein und Metall mit einem Durchmesser von gut 12 700 Kilometern und einer Masse von knapp 6 Quadrillionen Kilogramm. Ob da jetzt ein paar Milliarden Menschen und anderes Getier auf ihrer Oberfläche herumlaufen oder nicht, ist der Erde gleichgültig. Sie können einen Asteroiden auf die Erdoberfläche schmeißen und ein globales Massensterben verursachen, aus Sicht der Erde ist das nicht mehr als ein kleiner Pieks, der einen kleinen Krater auf ihrer Kruste verursacht. So was passiert ab und zu, ist nicht schlimm, Pflaster drauf, und irgendwann geht es auch wieder weg. Ein paar Millionen Jahre, vielleicht ein paar Hundert Millionen Jahre – aber irgendwann ist der Krater verschwunden. Eiszeit, Heißzeit, Ozon in der Atmosphäre oder nicht: Die Erde tangiert nichts davon. Sie zieht ihre Runden um die Sonne und kümmert sich genauso wenig um das Leben auf ihrer Oberfläche wie wir uns um die Mikroben auf unserer Haut.

Obwohl da ganz schön was los ist, vor allem in der Nacht und in unserem Gesicht. Glauben Sie nicht? Dann hören Sie her: »In der Nacht ist der Mensch nicht gern alleine« lautet der Titel eines alten Schlagers, ein lustiges Lied aus einer unlustigen Zeit. Aber ob gern oder nicht, in der Nacht sind wir sowieso nie alleine. Nicht nur in uns leben jede Menge Lebewesen wie etwa Bakterien und andere Mikroorganismen, zum Beispiel im Darm, sondern auch auf unserem Kopf sind unzählige Milben hauptgemeldet. Tagsüber verstecken sich die mikroskopisch kleinen Spinnentierchen an den Haarwurzeln. Und zwar an allen verfügbaren, auch auf den Wangen, der Stirn, im Nasen- und Mundbereich und an den Wimpern. Nachts trauen sich die achtbeinigen Tierchen manchmal hervor, um auf unserem Gesicht unter anderem Sex zu haben. Mit dem Mikroskop könnte man das sogar sehen, wenn man unbedingt wollte, ob es als Kink taugt, ist eher zweifelhaft. Auf Erotikmessen gibt es so gut wie nie einen eigenen Stand für diesen Special Interest.

Wer befürchtet, dass bei durchschlagendem Fortpflanzungserfolg immer mehr Milben die Haarwurzeln bevölkern und manche vielleicht deshalb nachts so laut schnarchen, weil die Nasenlöcher fast vollständig mit Mitbewohnern verlegt sind, kann beruhigt werden. Die Milben sterben, sobald sie vollständig mit Kot gefüllt sind, weil sie von der Evolution nicht mit einem Darmausgang gesegnet worden sind. Dadurch sind vermutlich nicht nur bestimmte Sexualpraktiken ausgeschlossen, die die Fortpflanzung nicht begünstigen und von der Kirche nicht gern gesehen werden, was manche Milben vielleicht bedauern, aber dafür kann den kleinen Rackern auch kein Materialschas auskommen, wenn sie glauben, es entweiche ihnen eigentlich nur Luft. Ein lachendes Auge und ein weinendes Auge, wie so oft im Leben.

Aber zurück zur Erde.

Auch wenn das, was wir für eine Apokalypse halten, für die Erde ohne große Bedeutung bliebe, völlig sorglos kann auch ein Planet nicht durchs Leben gehen. Das Universum ist groß, und da gibt es durchaus das eine oder andere Phänomen, das geeignet ist, auch einen kompletten Himmelskörper zu zerlegen. Denn man kriegt so gut wie alles kaputt, wenn man nur fest genug draufhaut. Im Falle der Erde reicht allerdings ein simpler Asteroideneinschlag nicht aus. Auch wenn der Mond auf die Erde fallen würde, wäre das nicht verheerend genug. Gut, das hat der Mond sowieso nicht vor, der entfernt sich sogar ein paar Zentimeter pro Jahr von der Erde (was an den Auswirkungen der Gezeitenkräfte liegt, die zwischen den beiden Himmelskörpern wirken). Aber angenommen, man könnte ihn irgendwie auf die Erde schmeißen, dann würde unser Planet das zwar ordentlich spüren – aber überleben. Der Mond selbst ist ja aus einer ähnlichen, noch heftigeren Kollision entstanden.

Das ist schon eine Zeit lang her, etwa 4,5 Milliarden Jahre, als die Planeten des Sonnensystems gerade im Entstehen waren, und damals ist es in unserer Gegend noch sehr viel wilder zugegangen als heute. Es gab nicht nur die acht Planeten, die wir heute kennen, sondern ein paar Dutzend; vielleicht sogar ein paar Hundert. Und die sind sich gegenseitig natürlich in die Quere gekommen. Die junge Erde ist mit einem Planeten zusammengestoßen, der ungefähr so groß wie der Mars war. Und der ist bekanntlich immerhin rund halb so groß wie die Erde. Eine Kollision dieser Größe hat auch die Erde nicht einfach so weggesteckt. Sie hat die Sache nur knapp überlebt, und aus den Trümmern des Zusammenstoßes ist damals der Mond entstanden. Aber für einen echten Weltuntergang hat selbst diese Kollision nicht gereicht. Will man die Erde durch eine Kollision zerstören, dann braucht es einen gleich starken Gegner. Die Venus zum Beispiel, die ist nur ein paar Hundert Kilometer kleiner als die Erde und hat fast gleich viel Masse. Wenn Erde und Venus zusammenstoßen, würde das für beide nicht gut ausgehen. Zum Glück ist damit nicht zu rechnen, denn immerhin ziehen Venus und Erde seit 4,5 Milliarden Jahren konfliktfrei ihre Runden um die Sonne und werden das auch weiterhin tun.

Wenn der Erde also Gefahr droht, dann nicht von ihren Nachbarn im All, sondern von der Obrigkeit. Im Zentrum des Sonnensystems steht – was auch sonst – die Sonne. Unser Stern hat über 300 000-mal mehr Masse als die Erde und einen Durchmesser von 1,4 Millionen Kilometern. Und hält 150 Millionen Kilometer Abstand von der Erde, was gut für uns ist. Und das bleibt auch so. Zumindest für die nächsten circa 5 bis 6 Milliarden Jahre. So lange werden Sie sich noch eincremen müssen, wenn Sie in die Sonne gehen. Denn so lange wird die Sonne noch das machen, was sie besonders gut kann, nämlich Wasserstoff zu Helium fusionieren. Das ist ihr Job, dafür ist sie ausgebildet, das macht sie gerne, und es wird ihr auch nicht langweilig. Nach allem, was man weiß, liegen uns keinerlei anderslautende Beschwerden des Zentralgestirns vor. In jeder Sekunde fusioniert die Sonne ungefähr 6 Milliarden Tonnen Wasserstoff zu Helium, und 4 Milliarden Tonnen werden direkt in Energie umgewandelt. Das entspricht der Masse von 200 Milliarden Kisten Bier. Klingt nach sehr viel Bier. Ist auch sehr viel Bier. Auf der Welt werden pro Jahr circa 2 Milliarden Hektoliter Bier hergestellt. Das ist so viel, wie in 400 Milliarden Bierflaschen passt, die wiederum in 20 Milliarden Kisten gepackt werden können. Selbst wenn man das Gewicht der 20 Milliarden Kisten und 400 Milliarden Flaschen dazurechnet, kommt man am Ende nicht auf 4 Milliarden Tonnen, die die Sonne, wie gesagt, in jeder Sekunde per Fusion vernichtet.

Der Sonne ist das aber egal. Was sind schon 4 Milliarden Tonnen pro Sekunde, wenn man 2 Quadrilliarden Tonnen an Masse hat? Nichts! Oder, wenn Sie es mathematisch genauer haben möchten: 100 Billiarden Mal weniger. Aber auch die Sonne lebt nicht ewig, denn irgendwann ist der Wasserstoff in ihrem Zentrum aufgebraucht. Dann werden keine 4 Milliarden Tonnen pro Sekunde in Energie umgewandelt, was bedeutet, dass weniger Energie in Form von Strahlung aus ihrem Inneren nach außen dringt. Dadurch fällt der Druck weg, den diese Strahlung auf die Gasschichten der Sonne ausübt, und sie beginnt, unter ihrem eigenen Gewicht zu kollabieren.

Aber keine Sorge, noch ist sie nicht am Ende. Während die Sonne kollabiert, drückt immer mehr von ihrer Masse auf ihr Zentrum und erhöht die Temperatur. Es wird immer heißer, und die Teilchen bewegen sich immer schneller. Insbesondere die Heliumatome, die im Zentrum rumliegen. Die waren bis jetzt ja quasi nur der Fusionsabfall, das Zeug, das bei der Kernfusion des Wasserstoffs übrig geblieben ist. Jetzt aber wird es so heiß, dass auch die ein klein wenig schwereren Heliumatome sich schnell genug bewegen, um fusionieren zu können. Sie stoßen mit ausreichend großer Wucht aufeinander und verschmelzen. Die Sonne hat auf einmal eine neue Energiequelle gefunden. Wer braucht schon Wasserstoff, wenn man auch Helium fusionieren kann! Vor allem, wenn bei der Heliumfusion sogar mehr Energie frei wird. Also her mit dem Helium, die Fusionsmaschine wird aufgedreht, viel mehr Energie als vorher dringt aus dem Zentrum nach außen und schiebt die Gasschichten, die vorher aufs Zentrum gefallen sind, wieder zurück. Und damit nicht genug: Die Sonne dehnt sich aus. Make the Sun great again!

Unser Stern wird gegen Ende seines Lebens immer größer. Die Sonne wird sich über die Bahn des Merkurs hinaus ausdehnen. Ein Platz an der Sonne ist also nicht immer nur von Vorteil, und wer die Poleposition hat, muss als Erster dran glauben. Die Venus ist der Sonne am zweitnächsten und wird ebenfalls verschluckt. Auf Platz 3 der solaren Abschussliste steht die Erde. Aber muss das unser Ende bedeuten?

Einerseits wird die Sonne immer größer. Andererseits verliert sie durch die Kernfusion und die abgegebene Energie aber auch an Masse. Das hat Auswirkungen auf die Umlaufbahn der Erde, die sich in der Folge ein bisschen von der Sonne entfernen könnte. Was genau passieren wird, hängt vom Verlauf des solaren Massenverlusts ab. Dass wir dem Geröstetwerden auf diesem Weg elegant entkommen könnten, ist allerdings nach allem, was wir derzeit über die Entwicklung des Sonnensystems wissen, nicht sehr wahrscheinlich. Auch unser Planet wird von der Sonne verschluckt werden. Das Ende kommt jedoch nicht unmittelbar, denn die äußeren Schichten der Riesensonne sind sehr dünn. Die Erde wird also kein Flammeninferno zu sehen kriegen, sondern eher Nebel. Allerdings sehr, sehr heißen Nebel, der sie am Ende doch irgendwann verdampfen lässt. Ob das besser ist als ein Flammeninferno, können Sie selbst entscheiden. Müssen Sie aber nicht sofort, noch eilt es nicht, circa 5 Milliarden Jahre hätten Sie dafür noch Zeit. Der Mars kann sich das alles übrigens in Ruhe anschauen, ihm wird nichts passieren. Popcornkino mit Weltuntergang. Diesmal in echt. Lange, nachdem alles Leben verschwunden ist. Und ohne Sequel. Die Erde wird das letzte Opfer der sterbenden Sonne sein, weiter hinaus zu anderen Planeten dehnt sie sich nicht aus.

Eine astronomisch korrekte Anleitung zur Zerstörung der Welt lautet also so: Man nehme einen Stern und heize ihn ordentlich an. Danach ein paar Millionen Jahre lang gehen lassen, bis ein glattes solares Plasma ohne planetare Klumpen entstanden ist.

Aber wer hat schon so viel Zeit? In den Science-Fiction-Filmen geht das Zerstören von Planeten immer viel schneller. Da baut man, so wie Darth Vader in *Star Wars*, einfach eine riesige Raumstation mit Todeslaser und schwupps!, ist ein Planet in kleine Krümel zerlegt, wenn der bösartige Schweratmer das will. Überraschenderweise hat das Universum tatsächlich echte »Todeslaser« zu bieten. Die werden allerdings nicht von keuchenden Typen mit schwarzen Helmen gebaut, sondern entstehen ganz von selbst. Sie heißen »Gamma Ray Bursts« oder auf Deutsch: Gammablitze.

Was braucht man dafür? Einen sehr, sehr massereichen Stern, mit mindestens der 20-fachen Masse unserer Sonne. Den muss man erst einmal von wo herbekommen. Aber die Mühe lohnt sich. Massereiche Sterne gehen am Ende ihres Lebens nämlich nicht einfach nur auf und verschlucken dabei die um sie kreisenden Planeten, wie die Sonne es tun wird. Sie erinnern sich: Der Sonne bleibt vor ihrem Ende nicht allzu viel Zeit, weil sie das Helium in ihrem Kern recht schnell fusioniert hat. Währenddessen hat sie sich so weit aufgebläht, dass sie die äußeren Schichten ihrer selbst regelrecht ins All hinausbläst. Dann ist nicht mehr genug Masse übrig, die auf ihr Zentrum drücken kann, um ausreichend Hitze für weitere Kernfusion zu erzeugen. Schwerere Sterne, und das ist der Trick, schaffen das aber, sie können auch dann noch ein bisschen weiterfusionieren. Aber irgendwann ist auch bei ihnen Schluss. Wenn dann der Strahlungsdruck endgültig wegfällt, rumst die gesamte gewaltige Masse dieser

Sterne in sich zusammen, prallt dabei von sich selbst ab und wieder zurück ins All.

Oder anders gesagt: Anders als bei der Sonne gibt es eine enorme Explosion, bei der sich der ganze Stern selbst zerlegt. In der Astronomie wird das »Supernova« genannt, und wenn der Stern sehr, sehr viel Masse hat, ist die Explosion so gewaltig, dass es ein »super« nicht mehr tut als Vorsilbe und ein »hyper« notwendig wird. Bei einer Hypernova bewegen sich die Stoßwellen im sterbenden Stern fast mit Lichtgeschwindigkeit, und dabei werden unglaublich große Mengen an Energie frei. Die wird nur in einem schmalen Kegel rund um die Rotationsachse des Sterns abgestrahlt, aber wer das Pech hat, sich in diesem Strahlungskegel aufzuhalten, hat wenig Zeit, um seine Lage zu bedauern. Bevor Sie »Oha, besser, ich geh einen Schritt zur Seite« denken können, ist es schon zu spät. Die Energie eines Gammablitzes reicht aus, um Planeten noch in 100 bis 200 Lichtjahren Entfernung verdampfen zu lassen. Zum Glück passiert so etwas nicht so häufig, und in einem entsprechenden Radius um die Erde sind keine Sterne bekannt, die das können.

Gammablitze können aber noch auf eine andere Art entstehen – nämlich wenn zwei Neutronensterne kollidieren oder ein Neutronenstern auf ein Schwarzes Loch trifft. Woher bekommt man nun einen Neutronenstern? Wenn ein Stern am Ende seines Lebens nur eine Supernova zustande bringt, dann wird er ein Neutronenstern. Da verdichten die Stoßwellen die letzten Sternenreste so stark, dass sie nur mehr ein paar Dutzend Kilometer groß sind, aber immer noch so viel Masse haben wie die Sonne. Wenn diese enorm dichten Objekte miteinander kollidieren, dann entsteht ebenfalls ein Gammablitz. Muss man sich jetzt aber auch nicht akut Sorgen machen; weder mit einer Hypernova noch mit der Kollision zweier Neutronensterne ist in nächster Zeit in Erdnähe zu rechnen.

Ganz so einfach, wie sich das Abergläubige seit Jahrtausenden vorstellen, ist es also wirklich nicht, die Welt untergehen zu lassen. Aber mit ein bisschen Geduld, astronomischem Geschick und ein, zwei großen Sternen bekommt man es hin. Wenn man möchte. Stellt sich die Frage: Könnte man etwas dagegen unternehmen, wenn man es lieber nicht möchte?

Die leider nur mittelmäßig aufmunternde Antwort lautet: theoretisch ja. Wenn wir die Erde vor der sich aufblähenden Sonne schützen wollten, müssten wir diese ein bisschen aus dem Weg schieben. Das ginge theoretisch relativ einfach. Denn bekanntlich bewegen wir uns in eine Richtung, wenn wir etwas schnell genug in eine andere Richtung werfen. Das können Sie leicht ausprobieren, wenn Sie sich auf ein Skateboard setzen und einen Ziegelstein von sich schmeißen. Dann sollten Sie ein kleines Stück in die Gegenrichtung rollen. »Actio est reactio«, hat Isaac Newton das in seinem dritten Gesetz genannt. Das entspricht der Funktionsweise einer Rakete – und wollten wir die Erde vor der Sonne retten, müssten wir sie in der Tat zu einer Rakete umbauen.

Wenn wir irgendwas mit mehr als 11 Kilometer pro Sekunde in die Luft werfen, dann brauchen wir uns ums Wiederauffangen keine Gedanken machen, denn es fällt nicht mehr runter, sondern bleibt im Weltall. Dadurch bewegt sich auch die Erde ein sehr, sehr kleines Stück in die Gegenrichtung. Bei einem Raketenstart merkt man davon natürlich nichts, das lässt die Erde ziemlich unbeeindruckt. Damit man davon etwas merkt, muss dieses »irgendwas« ausreichend viel Masse haben. Was wäre »ausreichend viel«? Wenn wir die Erde weit genug weg von der Sonne platzieren wollen, um einerseits ihre Heizwirkung in Anspruch nehmen zu können und andererseits nicht von ihr verschluckt zu werden, dann müssen wir 11 400 Tonnen ins All werfen. Das klingt machbar. Der Haken an der Sache ist aber: 11 400 Tonnen pro Sekunde. Das klingt erheblich komplizierter. Wäre es überhaupt möglich, nicht nur theoretisch, sondern auch praktisch?

Wie viele Bierkisten wären das? Na ja. Ausrechnen könnte man das, aber tatsächlich käme man mit allen Bierkisten der Welt nicht besonders weit.

11 400 Tonnen pro Sekunde sind 380 Millionen Tonnen pro Jahr. Das ist zufällig ungefähr so viel, wie alle Menschen auf der Welt zusammengenommen wiegen. Wenn wir uns alle mit 11 Kilometern pro Sekunde in die Luft katapultieren lassen würden, wäre die Erde gerettet. Klingt einfach, zumal wir ja ein paar Milliarden Jahre Zeit haben, zu üben. Aber wenn Sie sich anschauen, wie schwer es ist, Menschen heute dazu zu bewegen, etwas gegen die Klimakatastrophe zu unternehmen, dann würden wir nicht zu allzu großer Zuversicht raten. Wir rasen sehenden Auges in verheerende Zeiten und tun so, als hätten wir alles im Griff. Warum sollte das in ein paar Milliarden Jahren anders sein …

Unsere eigene Ignoranz wäre aber nicht das einzige Problem. Denn erstens wäre beim eben beschriebenen Notfallplan niemand mehr da, der die Massen-Abschussrampen bedienen könnte, um uns alle ins All zu schießen. Und selbst wenn wir ein paar Menschen zurücklassen würden, wären zweitens spätestens im zweiten Jahr keine ins All zu schießenden Menschen mehr übrig, um der Erde den nächsten Schubs zu verpassen. Denn einer reicht bei Weitem nicht. Vielleicht können wir im zweiten Jahr Müll nehmen? Österreich erzeugt pro Kopf ungefähr 800 Kilogramm Müll jährlich und ist damit Spitzenreiter in der EU. Deutschland könnte 600 Kilogramm pro Person beisteuern. Beides reicht noch nicht, aber wenn wir den gesamten Müll der Welt zusammennehmen, dann sollte das mehr als genug sein. Wir produzieren als Menschheit pro Jahr – je nach Schätzung – 2 bis 3 Milliarden Tonnen davon. Klingt doch super: Den Müll ins All ballern, die Erde rückt von der Sonne weg, die Klimakrise ist gelöst, der Planet wird vor der finalen Zerstörung geschützt, und in Österreich können wir das gerade eingeführte Flaschenpfand gleich wieder abschaffen. Technologieoffenheit und Weltrettung durch Geo-Engineering, wie es sich viele wünschen!

Das Problem an der Sache: Das, was jetzt Müll ist, war davor ja keiner. Sondern etwas, das wir zu irgendeinem Zweck produziert haben. Und dieses Material stammt von der Erde. Wenn wir den Müll nicht recyceln, dann werden wir vielleicht früher oder später nicht mehr in der Lage sein, neue Dinge zu produzieren. Was im Allgemeinen schlecht ist und für unseren Erdraketenantrieb im Speziellen noch schlechter. Denn um die Erde dauerhaft vor der sich aufblähenden Sonne in Sicherheit zu bringen, müssten wir unseren Müll-Antrieb nicht nur ein paar Jahre laufen lassen, auch nicht ein paar Hundert Jahre, sondern ungefähr 4 Milliarden Jahre lang. Das ist sehr lange. Und wir sind ja kaum in der Lage, wichtige Dinge in einer Legislaturperiode von vier Jahren zu erledigen. Aber selbst wenn es handwerklich gelänge, müssten wir im Laufe von 4 Milliarden Jahren ungefähr ein Viertel der gesamten Erdmasse ins Weltall schießen. Dann wäre praktisch jeden Tag Overshoot-Day.

Was uns zu einem weiteren Problem führt. Denn wenn Sie sich anschauen, wie schwierig es sich heute schon gestaltet, einen Ort für ein Endlager zu finden, in dem sich auch nur ein winziger Teil der gigantischen Menge radioaktiven Mülls, den wir in den letzten Jahrzehnten produziert haben, unterbringen ließe, wie sollte man da den Bau von Raketen-Startrampen politisch durchsetzen, von denen aus ständig Müll mit gigantischen Kanonen ins All geschossen wird? Und nein, es ist keine gute Idee, den radioaktiven Müll gleich mit ins All zu schießen, falls Sie sich jetzt gedacht haben, »dann schlagen wir doch gleich zwei Fliegen mit einer Klappe«. Denn nach wie vor explodieren immer wieder Raketen nach dem Start. Und bei der schieren Menge an Raketen mit Müll, die wir abfeuern müssten, explodieren statistisch so viele, dass wir die Erde dadurch derart kontaminieren würden, dass wir ihre Rettung auch gleich bleiben lassen könnten.

Die Erde von der Sonne wegzuschieben wird also in der Praxis eher nicht funktionieren. Vor allem im Übrigen auch deshalb nicht, weil wir ja nicht der einzige Planet im Sonnensystem sind. Wenn wir unseren Planeten einfach so durch die Gegend steuern, ohne auf den restlichen Verkehr zu achten, kann es schnell fatal werden. Die Dynamik der Planeten, insbesondere der vier inneren, also Merkur, Venus, Erde und Mars, ist zwar in erster Näherung stabil, aber trotzdem tendenziell chaotisch. Das heißt, dass im Prinzip auch schon eine kleine Veränderung ausreichen kann, um alle Umlaufbahnen instabil werden zu lassen. Und dann kann es uns auch passieren, dass wir der Venus vielleicht doch ungut in die Quere kommen und das Ende der Welt verursachen, indem wir es verhindern wollten. Denn so ist das leider in der Regel mit Geo-Engineering: Wenn man versucht, sich vor sinnvollen Lösungen zu drücken, indem man komplizierte favorisiert, bringt man außer Verschlimmbesserungen meistens nicht viel zuwege.

KANN MAN DEN WELTUNTERGANG VORHERSAGEN? SAVE THE DATE

Die Welt kann also enden, aber nicht so, wie sich das Fans von allmächtigen Superwesen mit Soft Skills zur Erschaffung von Himmel und Erde vorstellen, und wir haben auch noch ein paar Milliarden Jahre Zeit. Einen Termin mit einer Ungenauigkeit von einer Milliarde Jahren anzugeben, mögen jetzt manche ein wenig unpräzise finden. Aber einerseits ist das noch wirklich weit in der Zukunft, da müssen wir jetzt noch nicht wissen, ob der Weltuntergang erst am Abend stattfindet oder man rechtzeitig in der Früh aufstehen muss, wenn man live dabei sein will. Und andererseits ist das immer noch besser, als einen exakten, aber falschen Zeitpunkt anzugeben. Erinnern Sie sich noch an den 21. Dezember 2012? Vermutlich. Und die Tatsache, dass Sie sich erinnern können, belegt, dass dieser Tag in der Vergangenheit liegt und die Welt damals nicht untergegangen sein dürfte.

Am kürzesten Tag des Jahres 2012 sollte ein ominöser »Planet X« mit der Erde kollidieren. Und auch noch ein Planet namens »Nibiru«. Wer schneller sein würde, war nicht ganz klar. Einer davon sollte im Übrigen möglicherweise von ungemütlichen Aliens bewohnt sein, die uns umbringen oder versklaven wollten. Wie wir solche begrüßen, wissen wir ja immerhin schon. Aber das war noch nicht alles, der Terminkalender der Erde damals war randvoll. Auch der Komet »Elenin« sollte mit der Erde kollidieren und alles Leben auslöschen. Alle Planeten des Sonnensystems sollten sich in einer Linie aufstellen und durch die Gravitationskräfte die Erde in Stücke reißen oder die Erdachse zum Kippen bringen. Aus dem Zentrum der Milchstraße sollte ein »Synchronisationsstrahl« auf die Erde schießen. Eine gewaltige Sonneneruption sollte die Erde verglühen lassen. Oder wenigstens alles Leben vernichten. Oder zumindest unsere gesamte Technik ruinieren. Der Supervulkan im amerikanischen Yellowstone-Nationalpark sollte endlich ausbrechen, begleitet von weltweiten Erdbeben, und irgendwas mit den Pyramiden von Gizeh war auch noch. Zeit für eine Mittagspause wäre da nicht geblieben. Kein Wunder, dass sich der Weltuntergang angesichts dieser To-do-Liste wieder einmal fürs Prokrastinieren entschieden hat.

Das war natürlich schon vor dem 21. Dezember 2012 klar. Weltuntergangsvorhersagen sind ein Geschäftsmodell von Religionen und Ähnlichem und haben mit Fakten nichts zu tun. Schuld am apokalyptischen Hype war in diesem Fall der ominöse Maya-Kalender und sein Ende am 21.12.2012. Natürlich kann der Kalender nichts dafür. Denn ein Kalender, der endet, hätte seinen Beruf verfehlt. Ein Kalender ist dazu da, um den Überblick über die Zeit zu behalten. Und die endet bekanntlich nicht. Aber »endet« unser Kalender nicht auch jedes Jahr am 31. Dezember? Ja, aber das ist nur eine Zwischenzeitmessung. Dass es am 32. Dezember zu spät sei, ist zwar nicht falsch, war aber nur der Werbeslogan einer Sparkasse. Am 1. Jänner geht es jedes Jahr einfach weiter. Ohne dass wir tags zuvor in Panik verfallen. Wir führen uns teilweise zwar auf, als ob es kein Morgen gäbe, aber das nennt man Silvester, und auch wenn man sich am Morgen danach fühlt, als wäre man tot, das Leben geht weiter. Und der Kalender eben auch. Wir erhöhen einfach die Jahreszahl um eins. Manchmal dauert es zwar ein paar Wochen, bis man sich daran gewöhnt hat nach dem Jahreswechsel, das bedeutet aber längst keinen Weltuntergang.

Ein spezieller Kalender hat übrigens tatsächlich ein Ende. Aber geht danach die Welt unter? Das kommt ein wenig drauf an, mit wem und wie Sie Weihnachten feiern. Denn es handelt sich um den Adventkalender. Oder Adventskalender, falls Sie es lieber mit Fugen-s haben. Auf jeden Fall fängt jeder dieser Kalender am 1. Dezember vielversprechend an, ganz besonders, wenn er mit Schokolade gefüllt ist. Und es geht immer so weiter, bis er am 24. Dezember jäh zu Ende ist. Und am nächsten Tag taucht dann kein neuer, frisch gefüllter Kalender auf. Das ist sehr deprimierend und nur deswegen kein Weltuntergang, weil am 25. Dezember meistens eh noch genug Kekse, Christbaumbehang und Reste vom Weihnachtsessen übrig sind, dass das bisschen Schoko aus dem Kalenderfensterchen sich dagegen lachhaft ausnimmt.

Aber der Maya-Kalender hat nie ans Aufhören gedacht. Wie kam er dann zu dem Ruf, keine Lust mehr zu haben? Schauen wir ihn uns genauer an. Die Maya – also die indigenen Völker in Mittelamerika – haben das getan, was alle Menschen immer schon taten. Nämlich den Himmel beobachtet, um unter anderem den Überblick über die Zeit zu behalten. Wenn man sich die Bewegung von Sonne, Mond und Sternen lange genug ansieht, wird man diverse Rhythmen finden. Und feststellen, dass sich manche Phänomene etwa alle 365 Tage wiederholen. Selbst wenn man nicht weiß, dass sich die Erde um die Sonne bewegt und für eine Runde genau 365 Tage braucht (exakt sind es übrigens 365 Tage, 6 Stunden, 9 Minuten und 9,54 Sekunden), wird man es sinnvoll finden, einen Kalender mit dieser Länge zu basteln. Das haben auch die Maya getan und mit diesem Kalender – so wie wir – ihren Alltag organisiert.

Darüber hinaus haben sie noch einen Extra-Kalender entwickelt – der war zum Beispiel für ihre Geschichtsschreibung relevant –, mit dem sie den Überblick über sehr lange Zeiträume behalten konnten. Um ein Datum anzugeben, brauchen wir in unserem Kalender drei Zahlen: Tag, Monat und Jahr. Bei »14.09.2015« wird man (wenn man nicht aus den USA kommt …) sofort wissen, dass es sich um den 14. September 2015 handelt. Beim Extra-Kalender der Maya hat man hingegen fünf Zahlen verwendet, um *kin, winal, tun, katun* und *baktun* anzugeben. Ein *kin* ist ein Tag, und wenn 20 *kin* vergangen sind, hat man ein *winal* hinter sich. 18 *winal* sind dann ein *tun*, 20 *tun* ein *katun* und 20 *katun* ein *baktun*. Das mag man komisch finden oder auch nicht, aber für die Maya war es offensichtlich okay, ihren Kalender auf diese Weise zu organisieren.

Der ominöse 21. Dezember 2012 hat in der Schreibweise des Maya-Kalenders so ausgesehen: 12.19.19.17.19. Wenn man jetzt einen Tag weiterzählt, hat man 20 *kins* durch und muss bei den *winals* eins weiterzählen. Da ist man dann bei 18, hat also ein komplettes *tun*, und so weiter. Am Ende wird man feststellen, dass ein komplettes *baktun* vergangen ist und das Datum für den nächsten Tag lautet: 13.0.0.0.0. (Ja, die Maya haben in ihrem Kalender auch die Null verwendet.) Da ist nirgendwo was von einem Kalenderende zu sehen, es geht dann auch ganz normal weiter mit 13.0.0.0.1., 13.0.0.0.2., 13.0.0.0.3. etc. Es haben sich einfach nur alle Stellen des Kalenders geändert, so wie es bei uns beim Wechsel des 31.12.1999 auf den 01.01.2000 der Fall war.

Diese Kalendergeschichte war der Maya-Forschung (die übrigens »Mesoamerikanistik« heißt, falls Sie das beim Scrabble oder zum sonstigen Klugscheißen zwischendurch mal brauchen sollten) durchaus bekannt. Und natürlich auch, dass die Maya für den Wechsel vom 12. zum 13. *baktun* keinen Weltuntergang vorhergesagt haben. Und selbst wenn es so gewesen wäre: Nur weil irgendwo in einem alten religiösen Text das Ende der Welt prophezeit wird, muss das deswegen noch lange nicht auch so kommen. Aber irgendwie ist die Sache mit dem Maya-Kalender in der Welt der Esoterik gelandet, und dort hat man sich dann gedacht, dass da wohl schon irgendwas passieren wird. Und wenn nicht, dann kann man mit der Angst vor der Apokalypse in der Zwischenzeit noch ein wenig Geld verdienen. Und das ist dann ja auch geschehen. Nicht nur in esoterischen Zirkeln, sondern auch in vielen Medien.

Religionen, Esoterik und Verschwörungstheorien waren und sind immer sehr schnell dabei, wenn es darum geht und ging, einen konkreten Tag für den Weltuntergang vorherzusagen. Das liegt an ihrem Bauartfehler, denn Glaubensgrundsätze werden nur selten mit Fakten abgeglichen. Im Gegensatz zur Wissenschaft sind sie überzeugt davon, absolut recht zu haben. Und müssen das auch, sonst könnte man als Kirche gleich den Betrieb einstellen. In der Forschung weiß man dagegen, dass man die Welt immer nur näherungsweise und innerhalb von Fehlergrenzen beschreiben kann. Die Zerstörung der Erde durch die Sonne mit einer Toleranz von einer Milliarde Jahren vorherzusagen, ist da durchaus in Ordnung. Sonst ist die Wissenschaft aber eher nicht im Weltuntergangsbusiness zu finden. Mit einer nennenswerten Ausnahme: In jeder Ausgabe der Zeitschrift *Bulletin of the Atomic Scientists* findet man die sogenannte »Doomsday Clock«, die »Uhr des Jüngsten Gerichts«. Die zeigt allerdings nicht an, wann die Toten wieder auferstehen und von Gott gerichtet werden, denn darüber weiß die Atomwissenschaft genauso wenig wie die Religion und weiß das im Gegensatz zu Religionen auch. Die Uhr soll anzeigen, wie groß das aktuelle Risiko einer globalen Katastrophe und ganz besonders das Risiko für einen globalen Atomkrieg ist.

Im Jahr 1947 haben sich einige der Forscher:innen, die beim Bau der ersten amerikanischen Atombombe beteiligt waren, zusammengetan und einen Newsletter herausgebracht. Auf dem Cover war eine Uhr abgebildet, deren Zeiger auf 23:53 standen, also sieben Minuten vor Mitternacht. Die Idee dahinter war, die Uhrzeit als Metapher für das Risiko eines Atomkriegs zu verwenden. Damals war es also noch nicht ganz »fünf vor zwölf«, aber viel Spielraum war trotzdem nicht mehr. Seitdem trifft sich regelmäßig ein Komitee aus Wissenschaftler:innen und Expert:innen diverser Disziplinen, um einzuschätzen, wie weit wir noch von einer großen Katastrophe entfernt sind. Zur atomaren Bedrohung hat sich mittlerweile auch die Klimakatastrophe gesellt, und die Zeiger der Uhr sind im Laufe der Zeit immer wieder umgestellt worden. Als die Sowjetunion im Jahr 1949 ihre ersten Kernwaffen testete, zeigte die Weltuntergangsuhr drei Minuten vor zwölf an, als die ersten Wasserstoffbomben getestet wurden, hat man sie noch eine Minute nach vorne gedreht. Diverse internationale Verträge zur Begrenzung von Atomwaffen haben die Zeiger wieder nach hinten geschoben, und am besten war die Lage im Jahr 1991, als der »Vertrag zur Verringerung strategischer Waffen« (START – Strategic Arms Reduction Treaty) zwischen den USA und der Sowjetunion/Russland unterschrieben wurde und Atomwaffen in großem Maßstab abgerüstet wurden. Die Weltuntergangsuhr zeigte damals 11:43 Uhr an, bis zur Apokalypse um Mitternacht waren also noch 17 Minuten Zeit.

Davon haben wir längst wieder einen Großteil verspielt. Kriege, Klimakrise, neue Länder mit Atomwaffen, und dann wird auch noch Donald Trump US-Präsident: Im Jahr 2017 standen die Zeiger zweieinhalb Minuten vor zwölf, und ein Jahr später war man dann schon wieder auf dem Stand von 1953 bei 23:58 Uhr. In der Klimakrise hat sich aber seitdem nichts getan, was große Hoffnung für die Zukunft macht, Russland hat die Ukraine überfallen, rund um den 47. Präsidenten sind in den USA maßgebliche Kräfte mit der Abschaffung der Demokratie beschäftigt, Europa rüstet auf, und China würde ohnedies lieber heute als morgen Taiwan überfallen. Im Januar 2025 hat man die Doomsday-Clock daher auf 89 Sekunden vor Mitternacht gestellt, so knapp vor zwölf wie noch nie seit ihrer Einführung. Und wenn es so weitergeht, wird man bald in Zehntelschritten vorrücken müssen, wenn man nicht bei Schlag zwölf landen möchte.

Das klingt deprimierend und ist es auch. Allerdings handelt es sich bei der Weltuntergangsuhr nicht um eine wissenschaftlich exakte Prognose, sondern um eine Einschätzung der weltpolitischen Situation durch eine Gruppe aus Experten:innen in Form einer Uhr-Metapher. Der Weltuntergang lässt sich nämlich wissenschaftlich nicht exakter als mit der erwähnten Fehlertoleranz von etwa einer Milliarde Jahren vorhersagen. Es gibt keine »Weltuntergangsformel«. Beziehungsweise, es gab oder gibt sie irgendwie schon, und sie sagt das Ende der Welt für den 13. November 2026 voraus. Das ist übrigens ein Freitag, und je nachdem, wann Sie dieses Buch lesen, werden Sie schon wissen, ob die Welt an diesem Tag wirklich untergegangen ist. Die Berechnung, deren Resultat dieser ominöse Freitag, der Dreizehnte war, ist im Jahr 1960 als Aufsatz in der wissenschaftlichen Fachzeitschrift *Science* erschienen. Also nicht irgendwo. Als Autor zeichnete der in Österreich geborene Physiker Heinz von Foerster gemeinsam mit Patricia Mora und Lawrence Amiot verantwortlich. Was wollten die drei mit der Formel? Den Heiland zwingen, endlich doch wiederzukommen, weil das Gerede von seiner Wiederkehr langsam albern wurde? Nein. Sie haben damit versucht, die historische Entwicklung der menschlichen Bevölkerungszahl zu berechnen, um das weitere Bevölkerungswachstum zu ermitteln.

Ihr Resultat: Ginge alles so weiter wie bisher, dann würde es am 13. November 2026 unendlich viele Menschen geben. Hätte Heinz von Foerster bis zu diesem Datum durchgehalten, hätte er dann rechtzeitig zum Weltuntergang seinen 115. Geburtstag feiern können – leider ist er jedoch schon am 2. Oktober 2002 gestorben. Foerster, Mora und Amiot haben natürlich nicht wirklich geglaubt, dass im Jahr 2026 die Welt untergehen wird, weil es unendlich viele Menschen geben würde, sondern allgemein über die Art und die Geschwindigkeit des Bevölkerungswachstums nachgedacht. Ein Denkanstoß. Dass die Bevölkerungsentwicklung nicht so weitergehen würde, war den dreien damals zwar ebenfalls klar, den Spaß, ihren Artikel »Doomsday: Friday, 13 November, A. D. 2026« zu nennen, haben sie sich aber dennoch nicht verkneifen können, weshalb die entsprechende Formel seither als »Doomsday Equation« bekannt ist.

Sollte zum Zeitpunkt Ihrer Lektüre der 13. November 2026 schon vorbei sein und sollten Sie sich entsprechend über den verpassten Weltuntergang ärgern, keine Sorge: 2060 ist es dann sicher so weit. Denn kein Geringerer als Isaac Newton hat für dieses Jahr das Ende der Welt prophezeit. Das zumindest kann man überall lesen. Stimmen tut es übrigens trotzdem nicht.

Wie kam der große Newton aber dann auf die Idee – der war doch Wissenschaftler? Das schon, aber er war eben auch Alchemist und vor allem auch Theologe. Mit der Auslegung religiöser Texte hat er deutlich mehr Zeit verbracht als mit Physik und dabei auch herauszufinden versucht, wann das Jüngste Gericht stattfinden könnte. »Nicht vor dem Jahr 2060«, lautete sein Resultat, und sieht man mal davon ab, dass diese Berechnungen im Gegensatz zu seinen physikalischen und mathematischen Theorien Unfug sind, dann heißt »nicht vor 2060« auch nicht, dass die Welt sofort im Jahr 2060 untergehen muss. Es ist ein Serviervorschlag. Der islamische Theologe Said Nursî hat den nächsten Weltuntergang für 2129 prophezeit, und von den drei großen abrahamitischen Religionen geben die jüdischen Gelehrten der Welt noch am meisten Zeit: Laut bestimmter Interpretationen des Talmud wird das Ende aller Dinge im Jahr 2239 beginnen. Aber keine Sorge, dazwischen werden praktisch im Minutentakt irgendwelche esoterischen Quacksalber:innen Weltuntergänge erfinden. Wenn Sie einen versäumen, gibt es genug andere. Allerdings gilt auch: Wer eine Weltuntergangsprophezeiung kennt, kennt eigentlich alle.

Aber wer weiß, wenn eines Tages wirklich irgendeiner der unzähligen Götter auf der Erde erscheinen und das Ende aller Zeiten einleiten würde … Da würden wir alle schön schauen. Die, die den Weltuntergang am meisten ersehnen, vermutlich besonders, denn es handelt sich bei ihnen ja nicht selten um die scheinheiligeren Exemplare der Gattung Mensch. Die gehen zwar davon aus, ein Stammleiberl im Team der Erlösten zu haben, allerdings erwarten solche sich den Weltuntergang eigentlich nicht wirklich, sondern sind vor allem an den irdischen Geschäften damit interessiert. Aber alle anderen wären ordentlich vom Hocker, wenn auf einmal ein oberirdisches Superwesen auf der Erde eine Filiale eröffnen und verkünden würde: Meine Damen und Herren, das ist

DAS ENDE

Wenn wir vom Ende sprechen, dann gehen wir davon aus, dass alle mehr oder weniger dasselbe darunter verstehen. Und dass es ein Ende gibt. Aber genauer besehen, ist die Sachlage nicht so einfach. Aber wem sagen wir das, das haben Sie sich längst selber gedacht.

Gehen wir die Sache nach den ganzen astronomischen und apokalyptischen Geschichten mal ganz grundsätzlich an. Dann ist das Ende, rein pragmatisch betrachtet, zunächst einmal ein Strukturelement. Sowohl zeitlich als auch räumlich. Wobei bei räumlichen Dingen ein Anfang als Gegenteil des Endes nur schwer auszumachen ist. Etwa, dass die Wurst zwei Enden habe. Denn wenn sie aufgegessen ist, hat sie bekanntlich sogar drei. Und multikulturell betrachtet käme auch noch ein viertes in Betracht.

In westlichen Kulturen wird von der überwiegenden Mehrheit, nämlich von den Rechtshänder:innen, Wurst gegen die Leserichtung geschnitten. Man hält das Messer mit der rechten Hand, mit der linken Hand arretiert man die Wurst am Schneidbrett und arbeitet sich dann mit dem Messer scheibchenweise der linken Hand entgegen durch die Wurst. Also, wäre die Wurst Text, dann würde sie vom Ende her bearbeitet werden. Linkshänder:innen beginnen die Arbeit an der Wurst vom anderen Ende her, wo bei einer Schrift der Anfang wäre. In Kulturen, die von rechts nach links lesen, verhält es sich umgekehrt, womit tatsächlich jeder Anfang auch ein Ende wäre und umgekehrt. Da glaubt man zu wissen, was ein Ende ist, weil das ist bitte urleicht, das weiß jeder, hat man ja tausendmal gesehen, am Ende von Kinofilmen und so, dabei ... Aber das haben Sie vermutlich längst vermutet, denn sonst hätten wir ja das vorliegende Buch nicht geschrieben.

Natürlich ist das, was es aktuell gibt, noch nicht zu Ende, aber alles, was schon war, war nur so lange, bis es sein Ende gefunden hat. Nicht selten unabhängig davon, ob es auch danach gesucht hatte. Und die Dinge, die nicht mehr sind, unterscheiden sich qualitativ nicht von den Dingen, die jetzt sind, bis auf den Umstand, dass sie eben nicht mehr sind. Kein lebendiger Mensch unterscheidet sich in seinen Eigenschaften wesentlich von einem verstorbenen.

In der Mathematik gibt es »unendlich« – sogar mehr als nur eins. Tatsächlich gibt es sogar unendlich viele davon, wie Sie in Teil 2 sehen werden. In der Natur finden wir so was aber nicht, weder »unendlich groß« noch »unendlich schnell«, und »unendlich klein« existiert genauso wenig. Plancklänge, Lichtgeschwindigkeit, Heisenberg'sche Unschärferelation und Ereignishorizont stecken den Rahmen ab, in dem sich die Welt abspielt. Das scheint alles mehr oder weniger endlich.

Da wir mit der Mathematik eine Struktur erfunden haben, die die Welt sauber erfasst und berechenbar macht, ist aber für uns alles wunderbar. Anfang und Ende, etwa einer Autobahn, das können wir bauen. Nehmen wir allerdings als Beispiel die Kreiszahl Pi, der bekanntlich unendlich viele Nachkommastellen eignen, wird es kniffliger. Denn man kann einen Kreis als regelmäßiges Vieleck darstellen; ein Quadrat ist noch kein Kreis, ein Sechseck bei schlechtem Licht und mit gutem Willen schon ein bisschen eher, aber ein Tausendeck ist mit bloßem Auge von einem Kreis nicht unterscheidbar. Und wenn Sie ein Zehntausendeck fragen würde, »na, was bin ich?« Dann würden Sie zuerst vermutlich staunen, dass Sie von einer geometrischen Figur angesprochen werden, dann aber eher auf »Kreis« tippen. Je mehr Ecken und dementsprechend Kanten so ein regelmäßiges Vieleck hat, umso weiter nähert man sich Pi an, wenn man die Gesamtlänge der Kanten durch die längste Diagonale des Vielecks dividiert. Nun ist es aber so: Wenn man ein Sehrvieleck aus Plancklängen (und kleiner geht's nicht) entlang des Randes des beobachtbaren Universums als physikalisch engstmögliche Annäherung an einen Kreis annimmt und die Gesamtlänge dieser Plancklängen durch den Durchmesser des beobachtbaren Universums dividiert, dann unterscheidet sich diese Zahl vom errechneten Pi ab der ungefähr 62. Nachkommastelle. Also: Man bekommt im gesamten beobachtbaren Universum keinen Kreis unter, der ein Pi mit mehr als 62 Nachkommastellen braucht. Für Mathematiker:innen ist das aber kein Grund, nicht nach Tausenden von Milliarden von Nachkommastellen zu suchen, weil es ja unendlich viele davon gibt. Ob man das als Triumph des menschlichen Geistes oder als verhaltensoriginelle Fleißaufgabe ansieht, ist Neigungssache. In jedem Fall wird jedoch ignoriert, was die Welt an Endlichkeit unabdingbar in sich trägt. Wir können uns nämlich »unendlich« zwar denken, aber nicht vorstellen.

Und zeitlich sieht es nicht viel besser aus. Denn dass alles ein Ende hat, ergibt sich zwar aus Beobachtungen und zulässigen Schlüssen, lässt sich aber nicht prinzipiell beweisen. So wie die Aussage, »dass nichts ewig halte« ... Denn wäre etwas ewig, könnte man nicht davon erzählen. Weil es dann ja immer noch ewig wäre. Oder eben nicht. Schon die im Alltagsseufzer verborgene und scheinbar präzise Zeitangabe der »halben Ewigkeit« kann unmöglich genau beziffert werden. »Bis jetzt noch nicht zu Ende« ist eben nicht ewig. Auch wenn es scheint, dass es schon endlos lange dauert. Der Zeitpunkt, an dem ein Ewig vorliegt, ist nicht erreichbar. Und wenn wirklich alles ein Ende hat, dann müsste in diesem Alles auch der Beobachter dieses Endes enthalten sein und wäre somit nicht mehr in der Lage, dieses Ende zu bestätigen. Was natürlich blöd wäre, denn woher wüsste man dann, dass gerade alles zu Ende gegangen ist?

Natürlich ist die Natur in ihren Gegebenheiten nicht davon abhängig, dass es jemanden gibt, der diese Gegebenheiten bestätigt. Wenn es aus ist, ist es aus. Auch wenn das niemand am Ende mit einem Hakerl und dem Betätigen der Enter-Taste bestätigt.

Das Ende von allem kann nicht so nebenbei wahrgenommen werden. Wer einmal im Kreis gegangen ist, sieht den Anfang von hinten, und wer das Ende von einem späteren Zeitpunkt aus sieht, sieht dann eben nicht das Ende, jedenfalls nicht das Ende von allem. Das ist natürlich reine Erbsenzählerei, aber wenn wir schon ein ganzes Buch über die Wissenschaft vom Ende schreiben, dann sollte das zumindest nicht unerwähnt bleiben.

Hier könnte »The End« stehen. Aber es geht ja noch weiter, denn wir sind noch lange nicht am Ende, auch wenn wir genau wissen, wo das liegt. Zumindest manche davon.

DU BIST NICHT ALLEIN – (WO IST DAS ENDE DER WELT?)

Wann kommt das Ende der Welt? Wie kommt das Ende der Welt? Das haben wir schon geklärt. Wo ist das Ende der Welt?, fragt man sich dagegen eher selten. (Außer man hofft, mit der Lektüre des eher nicht so fortschrittlichen Druckwerks gleichen Namens möglichst bald durch zu sein.)

Wenn die Welt untergeht, ist man so oder so dabei, da braucht man nicht vorher auf Google Maps schauen, ob irgendwo Stau ist oder es eine sinnvolle Alternativroute gäbe. Es gibt allerdings tatsächlich ein paar Möglichkeiten, das Ende der Welt zu bereisen. Im südöstlichen Ruhrgebiet findet man die Stadt Herdecke, und wenn Sie sich fragen, was Sie da sollen, werden die etwas mehr als 20 000 Einwohner:innen möglicherweise sagen, dass kein Geringerer als Roy Black einige Zeit in der Stadt gewohnt hat, was ja wohl Grund genug für einen Besuch ist. Und wenn Sie dann schon mal da sind, können Sie im nördlichen Teil der Stadt vorbeischauen, der – Überraschung! – Ende heißt. Aber nicht ohne Grund hat der Schlagersänger Roy Black vielleicht in einem seiner größten Hits gesungen: »Du bist nicht allein«, denn knapp 100 Kilometer weiter südlich findet sich ebenfalls ein Ende, und zwar das Ende von Wissen. Nein, wir haben keinen Genitiv ignoriert, denn Wissen ist eine Stadt in Rheinland-Pfalz, mit fast 10 000 Einwohner:innen, Roy Black war allerdings nie einer davon. Dafür hat auch Wissen einen Stadtteil, der Ende heißt. Nicht nur in Deutschland, auch am anderen Ende der Welt gibt es ein Ende, eine Stadt, die Sie in Indonesien besuchen können. Die liegt im Bezirk Ende, und wenn Sie die indigenen Menschen dort fragen, ob Roy Black schon einmal zu Besuch war, dann sollten Sie das in der Sprache tun, die man dort spricht, und das ist Ende, benannt nach dem Volk selbst, den Ende. Aber Sie sollten sich dabei vielleicht den alten Witz von Otto Waalkes sparen, in dem Roy Black vorkommt und der gegen Ende des letzten Jahrhunderts noch ein großer Heuler war.

Vermutlich hatten Sie aber anderes im Sinn, als Sie gefragt haben, wo denn das Ende der Welt sei. Denn das Erstaunliche an Ihrer Frage ist die Frage selbst. Sehr wahrscheinlich ist Ihnen ja klar, dass Sie auf einem Planeten leben, der eine Kugel ist. Da können Sie rumlaufen, solange Sie wollen, und werden, das haben wir ja im vorigen Kapitel schon erwähnt, dabei nie an ein Ende kommen (die gerade erwähnten Endes einmal ausgenommen). Und wenn Sie jetzt sagen wollen, dass die Erde gar keine Kugel ist, dann haben Sie sogar recht, wie wir gleich sehen werden. Sie hat aber trotzdem kein Ende, denn dafür müsste sie zumindest eine Scheibe und besser noch: rechteckig sein. Was sie definitiv nicht ist, aber fangen wir mal ganz am Anfang an.

Nicht mit der Entstehung der Erde, das würde zu weit führen. Aber mit den ersten Menschen, die sich Gedanken über die Form der Erde gemacht haben. Ohne wissenschaftliche Instrumente, ohne wissenschaftliche Methoden, ohne Wissenschaft an sich: Da kann man natürlich nicht viel mehr machen als schauen und denken. Was gar nicht so wenig ist, Schauen und Denken sind die Grundlage jeder Erkenntnis. Aber wenn man sich die Welt so anschaut, dann denkt man halt zuerst mal: »Hmm, die Erde sieht ziemlich flach aus. Ich glaube, die Erde ist flach. Und wenn man lang genug in eine Richtung geht, dann kommt man irgendwann ans Meer. Ich glaube, die Erde ist eine flache Scheibe, die im Wasser schwimmt!«

Und das war auch das, was die allerersten uns bekannten Kosmografien angenommen haben. Kosmografie ist wie Geografie, nur mit allem. Also die Wissenschaft der Beschreibung der Erde, weil man früher keine Ahnung davon hatte, dass es im Universum mehr als nur die Erde gibt. Im (sehr) alten Ägypten, in Mesopotamien und im Griechenland zu der Zeit, bevor dort die Menschen lebten, die wir heute die »alten Griechen« nennen, hat man sich die Erde als Scheibe vorgestellt, die von einem weltumspannenden Ozean umgeben ist. In der germanischen und nordischen Mythologie war die Erde ebenfalls flach, hatte aber als Add-on noch eine Säule namens »Irminsul« oder die Weltenesche »Yggdrasil« in der Mitte. Sowohl Esche als auch Säule waren dafür gedacht, den Himmel und die Erde zu verbinden. Die Esche war aber nicht unbewohnt. Im Wipfel von Yggdrasil saß ein Adler und am Fuß des Baums der Drache Nidhöggr. Die beiden hatten Streit, aber wenn dazwischen die ganze Welt liegt, ist es ein wenig umständlich, sich ordentlich zu fetzen. Messenger-Apps, wie wir sie kennen, waren noch nicht erfunden. Messenger war deshalb damals Ratatöskr, ein Eichhörnchen, das ständig entlang des Stamms von Yggdrasil zwischen Himmel und Erde hin und her lief, um Botschaften zwischen Adler und Drache zu übermitteln. Unverschlüsselt, aber wer hätte sie auch abhören sollen? Das alles hat mit dem Ende der Welt nur insofern zu tun, als dass Yggdrasil ein Symbol für die Unsterblichkeit ist. Aber – und wir Science Busters helfen ja auch gerne bei Alltagsproblemen – falls Sie jemals in die Verlegenheit kommen sollten, ein Eichhörnchen zu benennen, haben Sie jetzt eine Alternative zu »Puschel« aus der eher elenden Kinderserie im Fernsehen der 1980er-Jahre.

So vergesslich zu sein wie seine Nachfahren, das hätte sich Ratatöskr nicht leisten dürfen. Da hätten Adler und Schlange vermutlich keinen Spaß verstanden, denn Eichhörnchen finden sich bekanntlich am Speiseplan der beiden. Heute stehen Eichhörnchen im Ruf, im Herbst jede Menge Nüsse zu verstecken, aber im Winter dann einen beträchtlichen Teil davon nicht mehr zu finden. Das stimmt zwar, aber nur zum Teil, und es hat auch einen guten Grund. Überleben ist bekanntlich für fast alle Lebewesen nicht sehr einfach. Wenn man nicht reich erbt oder durch Raub, Diebstahl und »Steuerschonung« andere Menschen zum eigenen Vorteil ausbeutet, ist es ein Leben lang ein Kampf. Tiere wie Eichhörnchen müssen vor allem im Winter Energie sparen. Das kann durch Winterschlaf oder Winterruhe erreicht werden, ist aber nicht ganz einfach. Und nur ganz wenige Tiere setzen tatsächlich auf echten Winterschlaf. Man muss dafür ausreichend Energie im Körper einlagern und braucht dann auch noch einen sicheren Schlafplatz, damit man zwischendurch nicht aufgeweckt wird. Weil man, wenn es blöd läuft, zwar nur mal kurz aufs Klo geht, aber danach dann lange nicht mehr einschlafen kann, weil man sich schon Sorgen über das nächste Frühjahr macht, sich fragt, ob Ostern früh oder spät ist und was man zur Paarung anziehen soll.

Beim Winterschlaf werden alle Prozesse im Körper heruntergefahren. Wird man allerdings aufgeweckt und muss wieder auf Betriebstemperatur kommen, dann kostet einen das so viel Energie, dass man im schlimmsten Fall sogar verhungert. Wenn Tiere also zu oft gestört werden während des Winterschlafs, dann wachen sie im Frühjahr auf und sind tot.

Winterschlaf ist aber nur eine Möglichkeit, um Energie zu sparen. Der nach dem polnischen Zoologen August Gustav Dehnel benannte Effekt ist eine andere. Der Dehnel-Effekt ist hauptsächlich bei kleinen Säugetieren zu beobachten, die in kalten Klimazonen leben. Um Energie zu sparen, schrumpfen sie einzelne Organe oder sogar ihren gesamten Körper, sobald die Temperaturen sich dem Gefrierpunkt nähern. Bei Spitzmäusen wird der ganze Körper kleiner, aber vor allem das Gehirn. Heißt das, wenn man die im Winter was fragt, sagen sie: »Kann ich grad nicht beantworten, merk's dir bitte bis ins Frühjahr«? Möglich, aber wir verstehen leider die Sprache der Spitzmäuse nicht.

Auch Eichhörnchen beherrschen den Dehnel-Effekt. Sogar in beide Richtungen. Während sie im Herbst Nahrungsreserven für den Winter anlegen, wachsen ihre Gehirne. Besonders der Hippocampus, wo Erinnerungsvermögen und räumliche Orientierung verortet sind, ist im Herbst aktiver und wird auch größer. Denn Nüsse zu verstecken und sich an die Verstecke später auch zu erinnern ist tatsächlich eine kognitive Herausforderung für die putzigen Nagetiere. Ganz zu Ende gedacht dürften die kleinen Racker die Sache allerdings nicht haben. Denn während sie im Herbst mit ihrem größeren Hirn besonders raffinierte Verstecke ersinnen, schrumpft es im Winter, und sie sind dann oft zu blöd, um die Nüsse wiederzufinden. Vielleicht hätten sie vorher wen anderen als die Nussbäume fragen sollen, ob das eine gute Idee ist.

Warum machen Tiere so was überhaupt – ist das nicht eine eher riskante Strategie? Ein kleineres Gehirn mit geringerem Energieverbrauch mag zwar günstig sein, wenn es kalt ist, aber dann wird es wieder schön, man würde das Gehirn gern wieder wachsen lassen, ist jedoch gerade nicht schlau genug, das zu bewerkstelligen ... Sie machen es natürlich, weil ihnen nicht viele Optionen bleiben, wenn die Nahrung im Winter knapp wird: entweder blöd werden oder tot. Blöd werden ist schon nicht angenehm, aber kein Vergleich zu tot sein. Nur warum lassen sie ausgerechnet das Gehirn schrumpfen? Es gibt ja noch viele andere Organe im Körper. Manchmal schläft während der Nachtruhe ja auch ein Arm ein, den braucht man offenbar ohnedies kaum in der Zeit, den könnte man doch temporär wegschrumpfen. Wäre allen geholfen.

Das Gehirn ist für den Dehnel-Effekt deswegen so attraktiv, weil es ein äußerst energiehungriges Organ ist. Bei uns Menschen macht das Gehirn nur etwa 2 % unserer Körpermasse aus, verbraucht aber circa 20 % der Energie. Und im Gehirn selber gibt es auch wieder Urasser und Sparmeister. Besonders der präfrontale Cortex, der für Planung und Entscheidungsfindung zuständig ist, der visuelle Cortex und im Prinzip alle Regionen, die damit befasst sind, höhere Kognition zu betreiben, brauchen wahnsinnig viel Energie. Und wenn man weniger denkt, weil man meistens schläft und ein kleineres Gehirn bewirtschaftet, dann braucht man nicht so viele Reserven. Das haben sich die kleinen Tierchen schlau ausgedacht.

Wenn Sie sich jetzt allerdings einreden möchten, Ihr Hüftspeck sei kein Übergewicht, sondern vielmehr eine Powerbank für Ihr Gehirn, dann müssen wir Sie enttäuschen. Unser Gehirn ist ein Zuckermäulchen und gewinnt seine Energie hauptsächlich aus Glukose. Mit Fett kann es eigentlich gar nichts anfangen. Was für kleine Säugetiere gilt, wäre für uns Menschen keine Lösung. Auch wenn die vielen Après-Ski-Veranstaltungen in den Wintersportorten anmuten, als wären wir Großmeister im Dehnel-Effekt, sind wir es noch lange nicht. Nur weil man sich aufführt, als hätte man sein Hirn geschrumpft, wird noch nicht weniger Energie verbraucht. Im Fall der Hüttengaudis sogar ganz im Gegenteil.

Aber zurück zur Kosmografie! Die Vorstellung der Erde als Scheibe findet man auch im Alten Testament der Bibel, wo im Buch Jesaja zum Beispiel geschrieben steht: »Er ist es, der da thront über dem Kreise der Erde«. Und der, der da über dem Kreis der Erde gethront hat, konnte sicher auch sehr gut sehen, wo das Ende der Welt ist. Nämlich da, wo der Kreis aus ist. Auf einer scheibenförmigen Erde kann man tatsächlich bis zum Ende der Welt wandern, oder vermutlich eher schwimmen, weil da ja immer Wasser um die Erdscheibe herum war. Was mit dem ganzen Wasser passiert, dass mutmaßlich über dieses Ende fällt, wohin es fällt und wieso es nie ausgeht, wo es doch dauernd fällt: Darüber schweigen die Quellen und auch er, der über dem Kreis der Erde thront, obwohl er es sicher hätte am besten wissen müssen.

Die Sache mit der flachen Erde hat sich übrigens dann ziemlich bald aufgehört. Denn wenn man ein bisschen genauer auf die Welt schaut und ein bisschen intensiver nachdenkt, merkt man zum Beispiel, dass manche Sternbilder unterschiedlich hoch am Himmel stehen, je nachdem, ob man sich als Beobachter weiter nördlich oder südlich befindet. Und manche Sternbilder sieht man überhaupt nur dann, wenn man weit genug nach Süden reist. Das lässt sich nur dann vernünftig erklären, wenn man von einer gekrümmten Erdoberfläche ausgeht. Man merkt auch, dass der Schatten bei einer Mondfinsternis immer rund ist, was ebenfalls auf eine sphärische Erde hindeutet. Wenn man aufs Meer blickt, sieht man zuerst die Masten der ankommenden Schiffe und dann erst den Rest. Und so weiter. Schon vor weit mehr als 2000 Jahren haben Pythagoras, Platon, Aristoteles & Co. auf diese Weise erkannt, dass die Erde keine Scheibe ist. Im 3. Jahrhundert v. Chr. hat Eratosthenes sogar den Erdumfang ziemlich genau bestimmt, und eigentlich war die Sache ab da klar.

Gut, es hat immer wieder ein paar komische Ausreißer gegeben, wie zum Beispiel den spätantiken Schriftsteller Kosmas Indikopleustes. Basierend auf dem Alten Testament hat er behauptet, die Erde sei ein längliches Viereck, darüber zwei Stockwerke mit Himmel, und in der Mitte des Erdvierecks stünde ein enorm hoher Berg. Diesmal leider ohne Eichhörnchen, dafür aber mit kleiner Sonne, die sich im Kreis um den Berg herum bewegt, und je nachdem, ob sie gerade hinter dem Berg ist oder davor, gibt es Tag oder Nacht. Bei den Sternen funktioniert das aber anders, sagt Kosmas – die müssen von den Engeln jeden Tag hinter den Berg geschoben werden, damit man sie nur in der Nacht sehen kann. Das können Engel also auch, größer als Sterne sein und sie wahrscheinlich auch noch ohne Schutzhandschuhe und Sonnenbrille herumbugsieren. Denn Hochaltäre, auf denen die geflügelten Gottesknechte mit getönten Augengläsern und Grillhandschuhen herzflattern, sind nicht bekannt.

Sieht man jedoch von solchen kreativen Konstruktionen ab, ist die Kugelform der Erde seit der Antike nicht mehr ernsthaft infrage gestellt worden. Zumindest nicht von Menschen, die ihre Zurechnungsfähigkeit nicht leichtfertig aufs Spiel setzen wollten. Aber natürlich hat man sich über die Details Gedanken gemacht. Der französische Forscher René Descartes hat im 17. Jahrhundert darüber nachgedacht, wie das mit der Schwerkraft funktionieren könnte, und sich vorgestellt, dass jede Bewegung immer kreis- oder wirbelförmig sein müsse. Das ganze Universum wäre dann also voller Wirbel, die an ihren Rändern aufeinandertreffen, und dort verdichtet sich die Materie. So soll auch die Erde entstanden sein, und laut dieser Wirbeltheorie wäre sie dabei entlang ihrer Rotationsachse gestreckt worden. Oder anders gesagt: Die Erde sieht aus wie ein Ei. Stimmt nicht, hat dann Descartes' Zeitgenosse Isaac Newton entgegnet, es ist genau andersrum. Die Erde rotiert, und die dadurch entstehende Zentrifugalkraft drückt die Materie am Äquator nach außen. Sie muss also eher wie eine etwas zusammengedrückte Kugel aussehen. Im Gegensatz zu seinen Weltuntergangsvorhersagen hat Newton in diesem Fall recht gehabt, und die Abplattung der Erde ist im 18. Jahrhundert durch geografische Expeditionen und Messungen bestätigt worden. Die Abweichung ist allerdings nur gering. Misst man den Abstand vom Erdmittelpunkt zu den Polen und vergleicht das mit dem Abstand vom Mittelpunkt zum Äquator, dann beträgt der Unterschied nur knapp 21 Kilometer. Ein Halbmarathon. Für die Erde, die sich in 24 Stunden einmal um die eigene Achse dreht, ein Katzensprung.

Aber Wissenschaft ist genau. Und deswegen hat man die Form der Erde auch immer genauer untersucht. Heute wissen wir, dass sie in Wahrheit komplex ist und nicht nur durch die Rotation beeinflusst wird, sondern auch von den Gezeitenkräften des Mondes und der Verteilung der Masse in ihrem Inneren. Die Form der Erde wird »Geoid« genannt, was aber auch nicht viel mehr heißt als »erdförmig«. Die Erde ist erdförmig, und wir haben ein paar Tausend Jahre gebraucht, um draufzukommen ...

Was die Erde aber auch in ihrer Form als Geoid nicht hat, ist ein Ende. Damit hat sie natürlich auch keinen Anfang, und das ist ein Problem. Denn wenn wir uns auf der Erde orientieren wollen, dann brauchen wir Koordinaten. Und jedes Koordinatennetz braucht einen Ursprung, auf den sich die Koordinaten beziehen können. Die zwei Zahlen, mit denen wir eine Position auf der Erdoberfläche üblicherweise beschreiben, sind die geografische Länge und die geografische Breite. Bei Letzterer lässt sich ein Ursprung sehr leicht finden. Der Äquator ist durch die Position der Rotationsachse vorgegeben und teilt die Erde in eine nördliche und eine südliche Hälfte. Und mit der geografischen Breite können wir wunderbar angeben, wie weit nördlich oder südlich wir uns in Bezug auf den Äquator befinden.

Problematisch ist die geografische Länge, denn die muss uns ja dann noch sagen, wie weit östlich oder westlich wir uns von ... Ja, Sie sehen – genau da wird es schwierig: östlich oder westlich von was? Die Erde bietet uns hier leider keine natürlich vorgegebene Linie, die vom Nordpol zum Südpol und wieder zurück läuft. Eine solche Linie heißt »Meridian«, und für das Koordinatensystem brauchen wir einen Nullmeridian. Die antike Geografie hat den Nullmeridian durch die Insel El Hierro (italienisch Ferro) gelegt. Warum? Weil das die westlichste der Kanarischen Inseln im Atlantik ist und damals als das Ende der Welt angesehen wurde (natürlich nicht von den Menschen, die damals auf dem amerikanischen Kontinent gelebt haben ...).

In der Neuzeit wollte man dann aus nachvollziehbaren Gründen immer genauere Karten haben. Und für genaue Positionsmessungen braucht man eine Sternwarte. Allerdings beziehen sich alle Koordinaten, die man durch astronomische Messungen bestimmt, auf die Position des Teleskops, mit dem beobachtet worden ist. Wenn man also eine Karte mit Daten von der Sternwarte in Berlin erstellt, dann verläuft der zugehörige Nullmeridian zwangsläufig durch Berlin. Steht die Sternwarte in Paris, hat man einen Pariser Nullmeridian, während bei London die Themse dem Meridian deutlich näher ist als die Seine oder die Spree. Das war ein bisschen nervig, und deswegen hat man diese nationalen Meridiane im 19. Jahrhundert wieder auf den alten Nullmeridian von Ferro zurückgerechnet. Außer in Frankreich und in Großbritannien. Dort hat man den Meridian verwendet, der durch die Sternwarte von Greenwich verläuft.

Greenwich spricht man übrigens nicht »Grienwitsch« aus, sondern »Grennitsch«. Das wissen viele, aber nicht alle. Falls auf einer Dinnerparty das Gespräch einmal zu lange am Nullmeridian picken bleibt und Sie das Thema wechseln möchten. Je nachdem, wie weit Sie gehen wollen bei Ihrem Ablenkungsmanöver »Dinge, die falsch ausgesprochen werden«, ist nach der Worcestershire-Sauce der Weg zu Bad Fucking (und der Frage, warum es heute nicht mehr so heißt) nicht mehr weit.

Dass Frankreich und England sich eine Extrawurst braten konnten, war natürlich der politischen Weltlage geschuldet. Ein paar Jahrhunderte früher wäre Spanien aufsässig gewesen, heute würden sich die USA oder China mühsam anstellen. Irgendwann war es aber dann mit den unpraktischen Faxen vorbei, und man musste sich auf einen Meridian einigen. Irgendwann war in diesem Fall der 13. Oktober 1884. Da fand in Washington die »Internationale Meridian-Konferenz« statt. Zur Auswahl standen damals der Meridian von Paris, der gute alte Ferro-Meridian, ein Meridian, der durch die Azoren verläuft, einer, der mitten durch den Pazifischen Ozean geht, und der Nullmeridian von Greenwich. Letzterer war damals schon der

Standard auf fast allen Seekarten, immerhin war Großbritannien lange Zeit und auch damals noch eine Großmacht auf den Weltmeeren. Und weil die ganzen Karten schon den Meridian von Greenwich nutzten und man keine Lust hatte, das alles wieder umzustellen, hat man sich auf der Konferenz mit großer Mehrheit für Greenwich entschieden. Österreich, Deutschland und die Schweiz haben übrigens ebenfalls dafür gestimmt, der Stimme enthalten haben sich Frankreich und Brasilien, und die einzige »Nein«-Stimme kam von San Domingo, im Wesentlichen deshalb, weil die ehemalige französische Kolonie angefressen darüber war, dass man nicht dem französischen Vorschlag gefolgt ist. Genutzt hat es nichts, und heute verläuft der offizielle Nullmeridian durch Greenwich. Er ist gleichzeitig Anfang und Ende der geografischen Längenbestimmung. Aber nicht das Ende der Welt.

DAS ENDE DER MENSCHEN – DAS MENU HEUTE: ATOMKRIEG, KLIMAWANDEL, ASTEROIDEN, EXTRATERRESTRISCHES LEBEN UND KILLERVIREN

Das Ende der Welt ist also so oder so nicht nahe. Weder räumlich noch zeitlich und egal, was die Geschäftsmodelle der Apokalyptiker:innen vorgeben.

Das Ende der Menschheit ist da deutlich greifbarer. Da ist unser Werkzeugkasten prall gefüllt: Entweder radieren wir uns selber aus, oder wir lassen uns ausradieren und helfen dabei mit. Wie wir bereits in Teilen unserer Abendausgabe berichtet haben, wird spätestens in etwa einer Milliarde Jahren die Sonnenstrahlung jedes Leben auf der Erde verunmöglichen. Wenn wir nicht so lange warten möchten, könnten wir unsere Vernichtung durch einen globalen Atomkrieg einleiten. Das klingt nicht sehr originell, aber für diese Variante hätten wir alles zur Hand. Die Voraussetzungen sind bestens, bekanntlich steht die Doomsday-Clock seit Jahresbeginn 2025 auf nur noch 89 Sekunden vor Mitternacht, und bis zum Erscheinen des Buches dürften vermutlich noch ein paar Zehntel verloren gehen, wenn man einen Blick auf die Weltlage wirft.

Die Auswirkungen eines Atomkrieges wären jedenfalls katastrophal: Kurzfristig gäbe es massive Zerstörungen durch die Detonation im Zielgebiet, langfristig würden sehr viele Lebewesen durch den

Fallout, den radioaktiven Niederschlag, verstrahlt, mit Option auf eine dazu passende Erkrankung wie etwa Krebs. Es kommt natürlich ein wenig drauf an, wie viele unserer Kernwaffen wir einsetzen, aber grundsätzlich haben wir genügend vorrätig, um die Menschheit mehrmals auszulöschen. Die Auswirkungen auf das Ökosystem und das Klima wären vermutlich fatal, schlimmstenfalls käme es zu einem sogenannten nuklearen Winter. Der würde allerdings nicht unser Skiproblem lösen, indem wir fürderhin auf Schneekanonen verzichten könnten, sondern hätte verheerende Folgen für das Leben auf der gesamten Welt. Kälte, Dunkelheit, Missernten, Hunger, Verteilungskämpfe, Seuchen, die Liste lässt sich fast beliebig erweitern mit jedem erdenklichen unerfreulichen Vorkommnis, ohne dass Sie viel falsch machen können. Die globale Destabilisierung infolge eines Atomkriegs würde die Menschheit mit großer Sicherheit an den Rand des Untergangs bringen. Denn wir sind ja schon in Zeiten wirtschaftlichen Wohlstandes oft nicht nur nett zueinander, da kann man sich leicht vorstellen, was im Rahmen von Verteilungskämpfen blüht. Szenen dieser Art gibt es auch bereits gut bebildert. Wer sich schon einmal einen Eindruck verschaffen möchte, kann entweder im Computerspiel *Fallout* die Apokalypse kennenlernen oder in gemütlicher Heimkino-Atmosphäre am Sofa mit Popcorn und Aperol Spritz Blockbuster wie *The Day After*, *WarGames* oder *Threads* dystopisch binge-watchen.

Für all jene, die unbeirrt an das Gute in uns glauben wollen und nicht daran, dass die führenden Politiker:innen jener neun Länder, die als Atommächte bekannt sind (USA, Russland, Frankreich, China, Großbritannien, Israel, Pakistan, Indien und Nordkorea), zu einer solchen Tat fähig wären, gibt es natürlich auch noch andere Auswahlmöglichkeiten, was die Beendigung der Menschheitsgeschichte betrifft. Denn einen ökologischen Kollaps bringen wir auch ohne Atomkrieg zusammen. Auch im Zuge der Klimakatastrophe wird der gesellschaftliche Zusammenhalt vermutlich früher oder später zusammenbrechen. Wir haben ja schon erlebt, wie vielen Menschen es ohne Not den Vogel rausgeschossen hat, nur weil sie während der Pandemie eine Zeit lang Masken tragen sollten, um sich und andere zu schützen. Ein Tempolimit im Straßenverkehr auf 100 km/h bzw. 30 km/h gibt es nach wie vor nicht, obwohl kein vernünftiges Argument dagegenspricht und dadurch jährlich Tausende Menschenleben gerettet werden könnten. Um nur zwei Kleinigkeiten zu nennen, bei denen gesellschaftliche Solidarität leicht zu haben wäre.

Wie soll man mit einer derartigen Belegschaft ein so gewaltiges Problem wie eine jahrhundertelange Klimakatastrophe in den Griff bekommen? Eventuell liefe der Zusammenbruch zeitlich gestaffelt ab. Erst zahlen die drauf, die am wenigsten dafür können, etwa die Bevölkerung im globalen Süden, und früher oder später trifft es auch die Staaten, die sich derzeit noch in wirtschaftlichem Wohlstand befinden. Modellierungen haben gezeigt, dass eine weitere Erhöhung der globalen Durchschnittstemperatur um 2 °C oder 3 °C Gegenden, die heute noch bewohnbar sind, unbewohnbar machen wird. Das zwingt Millionen, wenn nicht Milliarden Menschen zur Flucht. Man kann sich leicht ausmalen, was dann an den sogenannten Außengrenzen passieren wird. Denn eine derartige Menge an flüchtenden Menschen kann kein anderer Kontinent aufnehmen, ohne den Zusammenbruch seiner Ordnung zu riskieren. Viele Politiker:innen kennen offenbar schon jetzt keine Gnade, wenn sie angesichts Tausender Ertrunkener von Pull-Faktoren faseln und sogenannte Pushbacks verharmlosen. Und sie können nicht selten mit ihrer Wiederwahl rechnen. Angesichts von Millionen Menschen, die in diesem Szenario über die Grenzen drängen würden, dürfte der Weg von Pushbacks zum Schießbefehl nicht besonders weit sein. Das klingt heute vielleicht noch undenkbar, ist aber schon jetzt kein fiktives Hirngespinst mehr. Der 47. Präsident der USA, Donald Trump, demonstriert fast täglich, wie einfach Destruktion sein kann. Er drohte nach gewonnener Wahl mit dem Ausstieg aus dem Pariser Klimaabkommen. Was mittlerweile auch passiert ist. Die Ankündigung hatte schon damals zur Folge, dass noch vor seinem Amtsantritt die Fed (US-Notenbank Federal Reserve) ihren Rückzug aus dem NGFS (Network for Greening the Financial System) verkündete. Das NGFS ist ein weltweites Netzwerk von Zentralbanken und Aufsichtsbehörden, das sich als eine globale Zentralbank-Klimainitiative für ein nachhaltigeres Finanzsystem starkmacht. Kein grundlegender Systemwandel, aber immerhin. Und auch die größten US-Banken wie Goldman Sachs, Wells Fargo, Morgan Stanley oder die Bank of America zogen nach und verließen ihrerseits die NZBA (Klimaschutzinitiative Net-Zero Banking Alliance), eine der weltweit führenden Klima-Koalitionen im Bankensektor.

Ein weiterer kleiner Schritt in Richtung einer globalen Kettenreaktion. Aber auch, wenn Sie keine Bank besitzen, können Sie mithelfen. Mit Umweltweitsichtigkeit. In der Psychologie bezeichnet man mit diesem Begriff allerdings nicht besonders umsichtiges und visionäres Verhalten, sondern das Phänomen, dass wir Umweltprobleme in anderen Ländern als schlimmer empfinden als die eigenen. Unsere Reaktion auf die Politik der US-Regierung könnte somit im schlimmsten Fall bedeuten, dass auch wir alle Anstrengungen einstellen, wenn die USA als Weltmacht nichts für den Klimaschutz tun wollen. Bei uns ist es ja längst nicht so schlimm, wir haben keine Atomkraftwerke, dafür sinnvoll ausgebauten öffentlichen Verkehr, also müssen wir auch nichts unternehmen. Die Programme der im Frühjahr 2025 neu gewählten Regierungen in Österreich und Deutschland gehen genau in diese Richtung.

Wem dieses End-Szenario der Menschheit noch immer zu langsam geht, der sollte sein Opt-in für die Variante »Asteroideneinschlag« erteilen. In dem Fall müsste man nicht einmal auf die Klimakatastrophe verzichten. Vor 65 Millionen Jahren hat schon einmal ein berühmter Klimaumschwung zu einem Massensterben auf der Erde geführt, ausgelöst durch einen Asteroideneinschlag. Er hat nicht das Ende der Menschheit eingeläutet, die hat es damals noch nicht gegeben, sondern das der Dinosaurier. Und im Gegensatz zum jetzigen, menschengemachten Klimawandel waren die Dinosaurier damals schuldlos und hatten einfach Pech. Da sind wir deutlich dümmer. Der unter anderem für die Dinosaurier fatale Asteroid war mit einem Durchmesser von etwa 10 Kilometern fast verschwenderisch groß. Dass auch ein nur 500 Meter großer Asteroid ausgereicht hätte, weiß man seit einer 2025 erschienenen Studie des IBS Center for Climate Physics (ICCP). Das ist natürlich ein wenig unglücklich als Akronym, denn der Weltklimarat kürzt sich IPCC ab, was für International Panel for Climate Change steht, und wenn die beiden einmal ihre Büros im selben Haus haben sollten, klingeln die Leute sicher oft beim einen, während sie eigentlich zum anderen wollen. Die Computersimulationen zum Asteroideneinschlag hat jedenfalls das ICCP durchgeführt. In dem Szenario wurden (virtuell und rein hypothetisch, versteht sich) bis zu 400 Millionen Tonnen Staub in die Stratosphäre eingebracht, also in etwa die Menge, die ein solcher Asteroid bei seinem Einschlag verursachen würde. Das hatte einen dramatischen Wintereinbruch zur Folge, die globale Temperatur sank durchschnittlich um 4 °C bei 15 % weniger Niederschlägen. Ein solcher Klimaumschwung wäre nichts, was Pflanzen mit fröhlichem Weiterwuchs begrüßen würden, und ein Rückgang der Fotosynthese an Land und im Meer um 20 bis 30 % wäre unvermeidlich – mit entsprechenden Folgen für unsere Lebensmittelversorgung. Ob es das Ende der Menschheit bedeuten würde, wird in der Studie nicht dezidiert beantwortet. Aber gemütlich wäre es für niemanden auf der Erde. Für den großen durchschlagenden Erfolg müssen allerdings ein paar Dinge zusammenkommen: Der Asteroid sollte auf der Landoberfläche einschlagen, damit Aerosole wie Staub, Ruß und Schwefel in die Atmosphäre geschleudert werden. Denn nur die hätten einen besonders starken Einfluss auf den Klimawandel.

Normalerweise sind Schlagzeilen wie »Asteroid rast auf Erde zu!« oder »Möglicher Asteroiden-Einschlag auf der Erde!« noch kein Grund zur Sorge. Wie Anfang des Jahres 2025 bei Asteroid 2024 YR4. Er wurde am 27. Dezember 2024 erstmals von der NASA mit einem Teleskop in Chile entdeckt. Anfangs lag die Wahrscheinlichkeit, dass er am 22. Dezember 2032 auf der Erde einschlagen könnte, laut NASA-Analyse bei mehr als 1 %. Das bedeutete zwar auch, dass er uns zu 99 % verfehlen würde, aber eine einprozentige Einschlagswahrscheinlichkeit ist trotzdem viel. Da werden die zuständigen Astronom:innen weltweit aufmerksam. Vor allem, weil die Kollisionswahrscheinlichkeit nach weiteren Beobachtungen auf über 3 % anstieg. Das war die höchste je gemessene Wahrscheinlichkeit.

Bisheriger Spitzenreiter in Sachen Einschlagswahrscheinlichkeit war der Asteroid Apophis. Der wird die Erde zwar auch nicht treffen, aber uns immerhin ziemlich nahe kommen. Und zwar an einem für einen potenziellen Asteroideneinschlag wunderschönen Datum, nämlich am Freitag, den 13. April, im Jahr 2029. Quersumme 13. Zufall????

Apophis wird die Erde voraussichtlich im Bereich der geostationären Satelliten passieren, in etwa 31 750 Kilometern Höhe. Das ist nach irdischen Maßstäben nicht ums Eck, allerdings doch deutlich näher als der Mond. Während des Vorbeifluges wird man den Asteroiden mit etwas Glück als hellen Punkt am Himmel sehen können. 2024 YR4 wird, wie Astronom:innen mittlerweile wissen, in viel größerer Entfernung an uns vorbeifliegen und zwar die Erde nicht treffen – aber eventuell den Mond. Zumindest touchieren könnte er ihn, und wenn dem so ist, dann schlägt er dort einen Krater. Immerhin, aber mehr auch nicht. Näher wird er der Erde nicht kommen. Das wissen wir, und auch wenn bis 2032 noch viel passieren kann: So etwas ändert sich nicht so schnell, wie man das aus Hollywoodfilmen kennt.

Woher aber wissen Astronom:innen, was sie wissen? Oder anders gefragt: Wie kommt es, dass sie zunächst dachten, 2024 YR4 könnte uns gefährlich werden – und sich nun aber sicher sind, dass dem nicht so sein wird? Kurz gesagt: Die Bahn eines Asteroiden zu berechnen ist keine triviale Angelegenheit. Wenn wir einen neuen Asteroiden entdecken, haben wir zunächst nur eine Handvoll Positionsdaten, die noch dazu nicht exakt sind und nie exakt sein können. Denn jede wissenschaftliche Beobachtung und jede Messung ist immer mit Fehlern behaftet. Weswegen man auch nur innerhalb gewisser Grenzen vorhersagen kann, wohin sich ein Asteroid bewegen wird. Diese Grenzen kann man sich ein bisschen so vorstellen wie einen Gartenschlauch. Tatsächlich stehen die Astronom:innen anfangs ein wenig am Schlauch, wie man auf Wienerisch sagen würde. Zuerst wissen sie nur, dass sich der Himmelskörper innerhalb einer gewissen Region aufhalten muss. Er bewegt sich quasi innerhalb eines schlauchförmigen Bereichs, dessen Durchmesser umso größer ist, je ungenauer die Daten sind. Und wenn die Erde sich auch innerhalb dieses Schlauches befindet, dann wird genauer hingeschaut, denn dann kann es theoretisch zu einer Kollision kommen.

Wie wahrscheinlich diese Kollision tatsächlich ist, hängt davon ab, wie viel Platz die Erde in unserem angenommenen Schlauch einnimmt. Je mehr Beobachtungen es gibt, auf die wir uns stützen können, desto genauer werden die Daten und desto kleiner der Querschnitt des Schlauches. Wenn der immer weiter zusammenschrumpft und die Erde immer noch innerhalb der errechneten Region liegt, dann steigt auch die Wahrscheinlichkeit einer Kollision. 2024 YR4 galt anfangs also deshalb als potenziell gefährlich, weil die Datenlage zu diesem Zeitpunkt noch schütter war. Aber der Himmel hat geholfen. Denn die zahlreichen wolkenlosen Nächte im Februar 2025 haben uns so viele neue Beobachtungsdaten beschert, dass die Einschlagswahrscheinlichkeit genauer berechnet werden konnte – und sich dadurch massiv verringert hat.

Volkstümlich formuliert: Wenn ein möglicherweise gefährlicher Asteroid in unseren Beobachtungen den ersten Auftritt hinlegt, begrüßt er uns quasi mit »Grüß Gott, Frau Kompott!«. Aber wenn die Gefahr gebannt ist und er an uns vorbeifliegt, winken die Astronom:innen ihm mit einem entspannten »Grüß Sie auch, Gartenschlauch« aus der Entfernung freundlich zu. Zugegeben, das ist sicher nicht das offizielle Wording in so einem Fall, aber am Ende des Buches wird das eine Stelle sein, an die Sie sich bestimmt noch erinnern können. Zumal jetzt, wo wir das noch einmal extra erwähnt haben. Gern geschehen.

In der Realität wird also gerechnet bei drohenden Asteroideneinschlägen. In Hollywoodfilmen wird dieses eher trockene Prozedere vermutlich jedoch auch in Zukunft nicht zu sehen sein. Wird dort ein Asteroid entdeckt, dann kann man sich in der Regel auf Folgendes gefasst machen: Ein einsamer Astronom erspäht in der Nacht mit seinem Teleskop einen bislang unbekannten Asteroiden. Natürlich erkennt er auf den ersten Blick, dass der sich auf Kollisionskurs befindet, tippt am Computer herum und weiß binnen Minuten, wo er genau einschlagen wird, nämlich in den USA. Sofort versucht er die ganze Welt zu informieren, wird aber zum Schweigen gebracht, während die Geheimdienste den US-Präsidenten briefen und heimlich und hektisch an einer Last-minute-Mission zur Rettung der Erde arbeiten. Vor dem Start der Mission erklärt der amerikanische Präsident der Öffentlichkeit in einer mitreißenden und emotionalen Rede, dass die Lage ernst sei, aber nicht hoffnungslos.

Klingt vertraut, so haben wir das schon oft gesehen. Mit der Realität hat es wie gesagt nur am Rande zu tun. Heutzutage schaut der

Astronom nicht durchs Teleskop, sondern sitzt weit entfernt am Computer und könnte im Übrigen genauso gut eine Astronomin sein. Und die weiß auch nicht gleich, was sie da vor sich hat. Es kann Tage oder noch länger dauern, bis man sicher sein kann, dass man wirklich ein bislang unbekanntes Objekt vor sich hat, wie wir aus Kapitel 1 wissen, wo wir uns über potenzielle Alien-Begrüßungszeremonien ausgelassen haben. Was den Einschlagsort betrifft, so haben Asteroiden auch keine geografischen Präferenzen für die USA, sondern treffen mit gleicher Wahrscheinlichkeit irgendwo auf unserem Planeten auf. Auch der Einschlagszeitpunkt ist schwer zu ermitteln, weil man ja die Geschwindigkeit des Asteroiden nicht exakt kennt und auch nicht weiß, was mit ihm passiert, wenn er in die Atmosphäre eindringt – ob er also zerbröselt, explodiert oder als Ganzes auf der Erde einschlägt. Vor allem aber lässt sich in der echten Welt derzeit kaum vorhersagen, was der amerikanische Präsident tun wird. Von mörderischer Gemeinheit, Trickbetrug mit irgendwelchen Coins bis zu völlig gaga ist alles möglich. Mitreißende und emotionale Reden sind allerdings nicht zu erwarten, da sind ihm schon rhetorisch enge Grenzen gesetzt. Weshalb dieser Teil des prototypischen Katastrophenfilms heutzutage sicher der unrealistischste wäre.

Dass ein Asteroideneinschlag die Menschheit in naher Zukunft auslöschen wird, ist also extrem unwahrscheinlich. Aber könnte ein Asteroid, wenn seine schwungvolle Landung schon keine globale Katastrophe auslöst, zumindest als Transportmittel für andere Lebewesen dienen und so das Schicksal der Menschheit besiegeln?

Nach wie vor sind nicht wenige Menschen der Meinung, dass das Leben aus dem All auf die Erde gekommen ist, im Rahmen einer Projektwoche von einem Gönner spendiert. Oder dass extraterrestrisches Leben von einem Heiligen Geist gezeugt worden ist, um die Sünden der Welt auf sich zu nehmen und irgendwann wieder auf Montage zu kommen, um das Jüngste Gericht abzuhalten zzgl. Weltuntergang. Aus wissenschaftlicher Sicht ist nichts davon relevant, da geht man davon aus, dass das Leben auf der Erde entstanden ist. Aber davon abgesehen – wäre es theoretisch überhaupt möglich, dass Lebewesen mittels Asteroid auf die Erde kommen? Schauen wir uns an, was passiert, wenn ein Objekt aus dem Weltall mit großer Geschwindigkeit bei uns einschlägt. Welche Kräfte wirken auf Lebewesen, die sich am oder im Asteroiden befinden? Wie stark dürfen diese Kräfte sein, dass ein Überleben noch möglich ist?

Dazu brauchen wir »g« – das Maß für die Beschleunigung, mit der ein Ding von der Erde angezogen wird. Wenn ein Pkw losfährt, wirkt auf die Insassen eine Beschleunigung von circa 0,3 g. Formel-1-Pilot:innen spüren beim Start 1 bis 1,5 g, Astronaut:innen sogar 3 bis 4 g. Bei 3 g ist an Aufstehen beim Start kaum noch zu denken, denn man wird mit dem Dreifachen des Körpergewichts in den Sitz gedrückt. Je mehr g, desto höher auch die Belastung auf den Blutkreislauf. Bei Beschleunigungen nach oben versackt das Blut zudem in den Beinen. Bei 2 bis 4 g kann es zu Sehstörungen kommen, und bei 5 bis 6 g kann infolge eingeschränkter Hirndurchblutung Bewusstlosigkeit eintreten. Wenn nun ein Asteroid auf der Erde einschlägt und innerhalb einer Sekunde abgebremst wird, wirken dabei nicht 3 oder 4 oder 5 oder 6 g, sondern Kräfte von einigen Tausend g. Das ist viel. Wie viel?

Stellen Sie sich eine Salatschleuder vor, die circa 100-mal pro Minute rotiert, was einer Beschleunigung von knapp 1 bis 2 g entspricht. In wissenschaftlichen Labors werden Mikroorganismen wie Bakterien oder Hefepilze zwar nicht in einer Salatschleuder, aber z. B. in einer Handzentrifuge gedreht, die nach einem ähnlichen Prinzip funktioniert. Hier erreichen wir bis zu 3000 Umdrehungen pro Minute, und es wirken bereits etwa 1000 bis 2000 g auf die Kleinstlebewesen. Und wenn Sie sich diese zentrifugierten Röhrchen näher anschauen, dann sehen Sie am Boden einen Punkt, der in der Wissenschaft »Zellpellet« genannt wird. Dieses Zellpellet kann man auf Nährmedien ausplattieren, also großflächig verteilen, um zu testen, ob die darin enthaltenen Zellen noch lebensfähig sind. Denn wenn Mikroorganismen aus dem Weltall die Erde besiedeln wollten, dann müssten sie ja nicht nur Kräfte von einigen Tausend g überleben, sondern sich danach auch noch vermehren können. Ob das möglich ist, haben sich Forscher:innen angeschaut, indem sie verschiedene Mikroorganismen in einer sogenannten Ultrazentrifuge getestet haben. Die dreht sich in der Minute nicht nur 3000, sondern mehrere Zehntausend Mal. Tatsächlich waren alle Mikroorganismen selbst nach einer Beschleunigung auf 20 000 g noch lebensfähig. Und zwei konnten sich sogar nach 403 627 g noch vermehren (asexuell versteht sich, also durch Zellteilung): *Paracoccus denitrificans* und *Escherichia coli*. Bei *Paracoccus denitrificans* handelt es sich um ein Bakterium, das bei uns unter anderem im Boden und im Abwasser vorkommt. Das Bakterium *Escherichia coli* ist Bestandteil der menschlichen Darmflora, gehört zu den am besten untersuchten Mikroorganismen und wird häufig als Modellorganismus in der wissenschaftlichen Forschung eingesetzt.

Leider konnten höhere g-Zahlen nicht untersucht werden, denn mehr schafften die Ultrazentrifugen nicht. Aber bedeuten diese Ergebnisse jetzt, dass die gewaltigen g-Belastungen eines Asteroideneinschlags Mikroorganismen egal wären – und dass wir tatsächlich bereits Leben aus dem All bei uns auf der Erde haben oder aber zumindest in Zukunft damit rechnen müssen? Das ist reine Spekulation, zumal wir ja eine Komponente noch gar nicht beachtet haben: die Hitze beim Eintritt in die Erdatmosphäre. Da sprechen wir tatsächlich von Temperaturen, die Mikroorganismen praktisch nicht überleben können, zumindest jene nicht, die wir bis jetzt kennen. Wir können also davon ausgehen, dass das Leben auf der Erde entstanden ist und der Menschheit auch zukünftig durch Lebewesen aus dem All keine größere Gefahr droht. Das Lebewesen, das nach wie vor die größte Bedrohung für uns darstellt, ist immer noch der Mensch selbst.

Für das Ende der Menschheit brauchen wir keine außerirdischen Bakterien. Bereits 2017 hat Bill Gates beim Weltwirtschaftsforum in Davos davor gewarnt, dass die Welt auf die Gefahren von Bioterrorismus nicht ausreichend vorbereitet sei. Ein gezielter Einsatz biologischer Waffen, etwa die Freisetzung eines gefährlichen Virus, würde seiner Meinung nach verheerende Folgen haben. Und mit dieser Meinung ist er nicht allein. Zahlreiche Expert:innen für Biosicherheit weisen angesichts des schnellen Fortschritts auf dem Gebiet der Künstlichen Intelligenz (KI) darauf hin, dass künftig auch Personen ohne wissenschaftlichen Hintergrund in der Lage sein könnten, Viren mit Pandemie-Potenzial zu designen. Was manche (ohne wissenschaftliche Belege) schon heute für den Ursprung der Corona-Pandemie halten, könnte in Zukunft ein realistisches Szenario werden.

2023 hat Kevin Esvelt, Biosicherheitsexperte am MIT, Studierenden im Rahmen eines Kurses die Aufgabe gestellt, mithilfe von Large-Language-Modellen (LLM) ein solches gefährliches Virus zu erzeugen. War damit das Semester für ihn zu Ende, weil er davon ausgehen konnte, dass die Studierenden ewig dafür brauchen würden? Leider nur fast. Denn nach nur einer Stunde waren sie bereits erfolgreich, indem sie Chatbots wie GPT-4, GPT-3.5, Bing, Bard oder FreedomGPT zu wahrscheinlichen Ursachen zukünftiger Pandemien befragt hatten. Bei ihrer Recherche sind sie auf vier Erreger mit pandemischem Potenzial gestoßen:

(1) das 1918-H1N1-Influenza-Virus (»Spanische Grippe«)
(2) das 2012-H5N1-Influenza-Virus (»Vogelgrippe«)
(3) das Variola-major-Virus (»Pocken«)
(4) der Bangladesch-Stamm des Nipah-Virus

Die KI präsentierte den Studierenden auch noch Genomsequenzen der Erreger, also Erbinformation und potenzielle Mutationen, die zu einer erhöhten Übertragbarkeit führen könnten. Und als Bonus: Techniken, Protokolle und das erforderliche Laborzubehör, um die Viren herzustellen, sowie Unternehmen, die bei der Produktion behilflich sein könnten. Quasi ein volles Service-Paket für eine DIY-Pandemie.

Der Studienleiter Kevin Esvelt warnt daher, dass KI-Systeme, die mit wissenschaftlicher Literatur trainiert werden, künftig auch Laien in die Lage versetzen könnten, Biowaffen zu entwickeln. Deshalb sollten Online-Publikationen, die Anleitungen zur Herstellung oder Verbesserung von Krankheitserregern enthalten, aus den Trainingsdaten entfernt werden. Wäre das möglich und wirkungsvoll? Vermutlich schon. Laut Schätzungen seines Teams machen diese Artikel etwas weniger als 1 % der PubMed-Datenbank der U.S. National Library of Medicine (NLM) aus, die insgesamt mehr als 37 Millionen Zitate, Abstracts und Zusammenfassungen aus biowissenschaftlichen Fachzeitschriften und Online-Büchern umfasst. Dieses eine Prozent zu entfernen würde nahezu das gesamte Risiko eliminieren. Wer entsprechend qualifiziert ist oder nachweislich nichts Böses im Schilde führt, darf aber natürlich nach wie vor auch in diesem einen Prozent stöbern, falls er mit den anderen 37 Millionen Einträgen durch ist. Vor allen anderen sollten wir die sensiblen Informationen allerdings in Sicherheit bringen.

VON ENDE ZU ENDE

Eigentlich sprechen wir beim Ende immer in der Einzahl. Aber wenn es mehrere Unendlichs geben soll, wie wir Ihnen schon angedeutet haben, dann doch bitte auch mehrere Enden. Dass die Wurst drei vorzuweisen hat, das wissen Sie bereits. Aber auch wenn es um die geheime Weitergabe von Informationen geht, ist ein Ende zu wenig. Und das kam so:

Wenn Sie zu den Menschen gehören, die per WhatsApp kommunizieren, sind Sie vermutlich schon einmal über den Hinweis »Dieses Programm verwendet eine Ende-zu-Ende-Verschlüsselung« gestolpert. Viele andere Messenger-Dienste tun das ebenfalls. Gemeint ist damit, dass Nachrichten, die Sie verschicken, die ganze Zeit, vom einen Ende der Kommunikationskette bis zum anderen, verschlüsselt sind. Nur Sie und die Person, der Sie die Nachricht senden, können sie lesen. Und wenn Sie jetzt fragen »Ja, was denn sonst? Wäre ja noch schöner!«, dann müssen wir Sie darüber informieren, dass erstens längst nicht jede Kommunikation im Internet verschlüsselt ist, dass zweitens auch eine verschlüsselte Kommunikation unter Umständen mitgelesen werden kann und es drittens durchaus Menschen gibt, die es tatsächlich noch schöner finden, wenn sie mitlesen können. Fragen Sie Ihren Innenminister.

Genau wegen dieser Menschen war auch der amerikanische Mathematiker Martin Hellman mehr als ein wenig nervös, als er am 10. Oktober 1977 einen Vortrag halten sollte. An der Cornell-Universität fand das Internationale Symposium zur Informationstheorie statt, und normalerweise sind wissenschaftliche Konferenzen zwar vielleicht ein wenig langweilig, aber nichts, vor dem man sich akut fürchten müsste. Hellman aber wusste, dass er nach seinem Vortrag möglicherweise jahrelang ins Gefängnis wandern könnte. Was, das sagen wir der Sicherheit halber dazu, nicht das in der Wissenschaft übliche Prozedere ist, wenn man einen schlechten Vortrag hält. Aber das Thema von Hellmans Paper war heikel: Es sollte um asymmetrische Verschlüsselungssysteme gehen.

Was ist das und, warum muss es asymmetrisch sein? Erklären wir gerne, auch wenn wir den armen Martin Hellman dann noch ein wenig nervös im Vortragssaal stehen lassen müssen. Aber keine Sorge, wir kommen zu ihm zurück, und Sie werden auf jeden Fall noch erfahren, wie die Sache ausgegangen ist.

Was »Verschlüsselung« ist, ist klar: Eine Nachricht wird so übermittelt, dass man ohne Schlüssel nicht verstehen kann, was drinsteht. »Schlüssel« kann man hier durchaus buchstäblich verstehen. Wenn ich zum Beispiel einen Brief schreibe, ihn in eine Kiste packe, die Kiste versperre und dann verschicke, dann kann niemand reinschauen und den Brief lesen. Das Problem ist, dass das auch für die Person gilt, der ich die Kiste mitsamt Brief habe zukommen lassen. Sie braucht ebenfalls einen Schlüssel – und wenn ich den einfach mitschicke, hätte ich mir die Sache mit Kiste und Schloss auch gleich sparen können. Also Kiste und Schlüssel getrennt voneinander zur Post bringen? Kann man machen, ist aber nicht sonderlich sicher. Denn was, wenn jemand den Schlüssel unterwegs abfängt und schnell ein Duplikat anfertigt? Wann immer ich dann meine Kiste in Zukunft durch die Gegend schicke, wäre diese Person in der Lage, sie zu öffnen und reinzuschauen. Gut, ich könnte den Schlüssel persönlich ans Ziel bringen. Aber dann bin ich ja schon da und kann meine Nachricht auch gleich selbst und unverschlüsselt übermitteln.

Es braucht also eine Methode, die sicherstellt, dass der Schlüssel nicht gestohlen werden kann. Oder, und damit nähern wir uns der Asymmetrie, eine Methode, durch die es keine Rolle spielt, wenn das passiert. Unser Problem resultiert ja daher, dass es nur *einen* Schlüssel gibt. Wenn Person A mit Person B kommunizieren will, dann wäre es doch viel praktischer, wenn beide ihren eigenen Schlüssel hätten. Und noch praktischer wäre es übrigens, wenn man beim Reden über Verschlüsselungen nicht andauernd »Person A« und »Person B« sagen müsste. Das fanden auch die Leute, die auf diesem Gebiet forschen, und haben sich entschieden, in solchen Beispielen immer von »Alice« und »Bob« zu reden. Sollte noch eine dritte Person an der Kommunikation beteiligt sein, dann wird die meistens »Carol« oder »Charlie« genannt. Und als die Kryptografie-Expert:innen in Schwung waren, haben sie sich gleich noch mehr Namen ausgedacht: Eine Person, die Nachrichten abzuhören versucht, wird »Eve« oder »Yves« genannt (nach dem englischen Wort »eavesdropper« für »Lauscher«). Wenn die Person nicht nur lauscht, sondern die Kommunikationssicherheit angreift, ist das »Trudy« (von »intruder« für »Eindringling«). Und so weiter. Man kann sich da richtig austoben. Etwa Stan, wenn wer nur zuschauen möchte – von Bystander für Zuschauer. Probieren Sie es gerne aus, aber kommen Sie beizeiten wieder zurück zu Alice und Bob. Denn da geht es nach ein wenig Schabernack weiter mit der Verschlüsselung.

Es wäre, wie gesagt, praktisch, wenn Alice und Bob jeweils ihren eigenen Schlüssel hätten. Aber wie stellt man das an und vor allem: Wie stellt man das so an, dass es auch in der Praxis funktioniert? Auf genau so eine Methode ist Martin Hellman bei seiner Arbeit gestoßen. Er hat sie zusammen mit seinen Studenten Whitfield Diffie und

Ralph Merkle entwickelt. Sie haben sich folgendes Szenario ausgedacht: Alice und Bob sitzen weit voneinander entfernt, möchten verschlüsselt miteinander kommunizieren, haben aber keinen gemeinsamen Schlüssel. Sie müssen einen erzeugen, und zwar so, dass am Ende beide den gleichen Schlüssel besitzen und dieser Vorgang von etwaigen Angreifern nicht ausgenutzt werden kann. Mit »Schlüssel« ist jetzt übrigens kein echtes Objekt aus Metall gemeint, das man in ein Schloss steckt. Sondern eine Zahl, die verwendet wird, um eine Nachricht per Computer zu ver- und entschlüsseln. Und wenn man so einen Schlüssel »erzeugen« will, dann muss man diverse mathematische Berechnungen durchführen, die als Resultat dann die Schlüssel-Zahl liefern.

Aber Sie wollen das jetzt sicher ohne Mathematik verstehen können, also bitte sehr, machen wir es anders. Stellen Sie sich vor: Zu Beginn denken sich Alice und Bob eine gemeinsame Farbe aus. Zum Beispiel Rot. Zusätzlich wählen sowohl Alice als auch Bob noch jeweils eine geheime Farbe, die nur sie selbst kennen. Jetzt mischt Alice die gemeinsame Farbe mit ihrer geheimen Farbe. Sagen wir mal, sie hat Blau gewählt und das Ergebnis ist dann vermutlich irgendeine Art von Lila. Bobs geheime Farbe ist Gelb, und wenn er das mit Rot mischt, kriegt er eine orangefarbene Mixtur. Diese beiden unterschiedlichen Farbmischungen tauschen Alice und Bob jetzt aus. Dabei können gerne alle mithören, die Lust drauf haben. Denn auch wenn ich weiß, dass Bobs Mischung Orange ist, werde ich keine Chance haben, den *exakten* Farbton seiner geheimen Farbe zu ermitteln. Man kann Farben nicht entmischen (oder nur mit absurd hohem Aufwand).

Alice und Bob haben jetzt also getauscht. Alice hat das Orange von Bob bekommen, und der hat die lila Mischung von Alice vor sich stehen. Jetzt mischen beide ihre jeweiligen geheimen Farben dazu. Alice schmeißt also ihr Blau in das Orange von Bob, und das Ergebnis wird irgendwas Bräunliches sein. Bob mischt sein Gelb mit dem Lila von Alice und wird ebenfalls etwas Bräunliches bekommen. Der Punkt, um den es geht, ist aber: Es wird in beiden Fällen exakt dasselbe Braun sein! Bobs Mischung enthält die gemeinsame Farbe (Rot), die geheime Farbe von Alice (Blau) und seine eigene geheime Farbe (Gelb). Die Mischung von Alice besteht ebenfalls aus der gemeinsamen Farbe (Rot), der geheimen Farbe von Bob (Gelb) und ihrer geheimen Farbe (Blau). Beide haben genau dieselbe Mischung, und es ist ihnen gelungen, sie herzustellen, ohne dass sie ihre eigene geheime Farbe preisgeben oder öffentlich kommunizieren mussten. Das Einzige, was öffentlich übermittelt wurde, war die Farbmischung aus dem ersten Schritt, aus der aber niemand Rückschlüsse auf die geheimen Farben oder auf die am Ende entstandene Mischung ziehen kann. Alice und Bob haben jetzt also eine ganz spezielle Farbmischung, die nur sie beide kennen. Oder, wenn wir das Farbbeispiel wieder sein lassen: Alice und Bob haben einen gemeinsamen, geheimen Schlüssel hergestellt, den sie jetzt verwenden können, um ihre Kommunikation zu ver- und entschlüsseln.

In der Praxis läuft das natürlich nicht mit vermischten Farben ab. Die Farben aus dem Beispiel stehen für Zahlen, und beim »Mischen« handelt es sich in Wahrheit um diverse mathematische Operationen, auf die wir jetzt aber nicht näher eingehen wollen. Es geht dabei um Dinge wie die diskrete Exponentialfunktion, Modulo-Operationen, Restklassen und so weiter. Wichtig ist nur, dass es sich – wie beim Mischen von Farben – um Rechnungen handelt, die man zwar leicht ausführen kann, die aber quasi unmöglich umkehrbar sind. Selbst wenn man das Ergebnis kennt, kann man anhand dessen nicht herausfinden, mit welchen Zahlen das Gegenüber angefangen hat.

Genau darum drehte sich die eigentliche Arbeit von Hellman, Diffie und Merkle. Es ist das eine, sich ein Prozedere auszudenken, wie Alice und Bob einen Schlüssel erzeugen können. Aber wenn man den Spaß in der Realität anwenden will, muss man auch die mathematischen Formeln finden, die es praktisch möglich machen. Sie mussten »Einwegfunktionen« entwickeln – womit keine Funktionen gemeint sind, die man nicht recyclen kann, sondern mathematische Rechenoperationen, die in die eine Richtung sehr leicht, in die andere aber enorm schwer auszuführen sind. Es ist zum Beispiel sehr leicht, das Ergebnis von 3 mal 89 zu berechnen. Das kriegt man fast noch im Kopf hin, aber auch mit Taschenrechner ist das Resultat 267. Wenn man aber wissen will, welche beiden Primzahlen man miteinander multiplizieren muss, um 267 zu erhalten, muss man schon ein wenig länger nachdenken. Gut, in diesem Fall nicht wahnsinnig viel länger, und ein Computer kann in Sekundenbruchteilen einfach alle Möglichkeiten durchprobieren. Wenn die Zahl aber größer ist, dann dauert das Ausprobieren – bei richtig großen Zahlen selbst mit den schnellsten Computern unter Umständen Jahre, Jahrzehnte oder noch länger. Genau darüber wollte Martin Hellman also am 10. Oktober 1977 auf der Konferenz sprechen. Und genau wegen dieser Arbeit hätte er, so die Warnung der Rechtsabteilung seiner Universität, möglicherweise eingesperrt werden können. Denn damals war Verschlüsselung eher ein Nischenthema. Es gab keine Smartphones mit WhatsApp und Ende-zu-Ende-Verschlüsselung, kein Online-Shopping mit Kreditkarten, keine digitalen Behördengänge, nichts dergleichen. Im Alltag der meisten Menschen existierte nichts, was hätte verschlüsselt werden müssen. Wer dagegen durchaus Interesse an geheimen Nachrichten hatte, waren das Militär und die Geheimdienste, die deswegen sehr intensiv an Verschlüsselungsmethoden forschten. Selbstverständlich im Geheimen, sonst hätte das ja keinen Sinn gehabt. Und die Geheimdienste waren nicht sonderlich glücklich, dass da plötzlich ein Wissenschaftler öffentlich eine Methode zur abhörsicheren Kommunikation vorstellte. Entsprechend ließ man vor der Konferenz mehr oder weniger direkt durchblicken, dass man das durchaus als illegalen Waffenexport interpretieren könnte.

Martin Hellman wollte die Präsentation der Arbeit eigentlich seinen Studenten überlassen. Aber angesichts der möglichen Verurteilung mit Gefängnisstrafe entschied er sich, das doch selbst zu übernehmen. Wenn schon wer eingesperrt werden muss, dann der Professor mit Fixanstellung und nicht die jungen Forscher, die ihre Karriere noch vor sich haben. Aber warum sich überhaupt dem Risiko aussetzen? Das hat auch die amerikanischen Geheimdienste gewundert. Abgesehen vom Militär hatten damals nur Drogendealer und andere Kriminelle Bedarf an verschlüsselter Kommunikation. Warum sollte ein Haufen Leute an der Uni ein Interesse daran haben, denen das Leben leichter zu machen?

Wollten sie eh nicht, sie haben schlicht an die Zukunft gedacht. Genau das schreiben Diffie und Hellman auch in ihrem Fachartikel, der die Grundlage des Vortrags war: Sie hatten festgestellt, dass Computer immer billiger wurden und es absehbar war, dass sie auch abseits von Forschungseinrichtungen und Regierungsbehörden großflächig eingesetzt würden. In Firmen, Geschäften oder privat. Und die daraus resultierende Kommunikation sollte geschützt werden, so die beiden. Die damals öffentlich verfügbaren Verschlüsselungsmethoden waren ihrer Meinung nach nicht dafür geeignet, denn sie basierten – vereinfacht gesagt – darauf, dass eine zentrale Stelle auf alles aufpasste und bei Bedarf die Schlüssel verteilte. Oder eben – bei Vorliegen eines anderen Bedarfs auch einmal ohne Wissen der Kommunizierenden nachsah, was da so kommuniziert wurde. Ohne eine asymmetrische Verschlüsselungstechnik kann sich niemand sicher sein, ob da nicht doch wer mithört.

Die Weitsicht von Diffie und Hellman hat sich ausgezahlt. Denn heute sind wir in genau der Situation, die sie damals vorhergesehen haben. Wir alle haben Computer, wir machen darüber Geschäfte, wir kaufen mit unserer Kreditkarte ein, wir verschicken Nachrichten, die privat bleiben sollen. Und wir wollen nicht, dass jemand an unsere

Daten kommt. Wenn wir online etwas bestellen, dann vertrauen wir darauf, dass unsere Kreditkartendaten geheim bleiben, was sie in den meisten Fällen auch tun. Aber sie tun es deswegen, weil Hellman, Diffie und Merkle damals den Grundstein für diese Technik gelegt haben. Die ganze Rechnerei mit den Einwegfunktionen, das mathematische Äquivalent zur Farbmischerei, die Erzeugung von Schlüsseln – all das passiert heute meist komplett automatisch und ohne dass man viel davon mitbekommt.

Und jetzt noch mal zurück zum Anfang: Nur weil es prinzipiell eine super Methode gibt, um verschlüsselt zu kommunizieren, heißt das nicht, dass tatsächlich jede Kommunikation geheim ist. Bei einer Ende-zu-Ende-Verschlüsselung ist das der Fall. Aber die findet nicht überall statt, zum Beispiel nicht bei der Punkt-zu-Punkt-Verschlüsselung. Da wird die Kommunikation zwar verschlüsselt, während sie unterwegs ist – aber nicht dort, wo sie startet, und auch nicht dort, wo sie ankommt. Und so eine Nachricht kommt sehr oft an, bevor sie endgültig angekommen ist. Eine Nachricht kann über alle möglichen Zwischenstationen geleitet werden, bis sie von Alice bei Bob landet. Und wenn nur eine Punkt-zu-Punkt-Verschlüsselung stattgefunden hat, könnte die Nachricht an jeder dieser Zwischenstationen mitgelesen werden. Anfang der 1990er-Jahre wollte der amerikanische Geheimdienst per Gesetz durchsetzen lassen, dass Telefone und Computer mit Verschlüsselungsalgorithmen ausgestattet werden, auf deren Schlüssel die Behörden bei Bedarf Zugriff haben. Natürlich nur, um böse Terroristen und so zu schnappen. Aufgrund diverser technischer Probleme hat es sich nie durchgesetzt, was kein Schaden ist.

Denn das Ende der Ende-zu-Ende-Verschlüsselung wäre selbst kaum wieder zu beenden. Ihre Einführung war ein akademischer Coup, ihre Abschaffung die Aufforderung zum Abhören, nun ja … ohne Ende.

TEIL 2

Gibt es die Unendlichkeit? | Das Ende der Milchstraße | Wo ist das Ende des Universums? | Ein Tisch im Restaurant am Ende des Universums | Wie man unsterblich wird | In Ewigkeit Strahlung

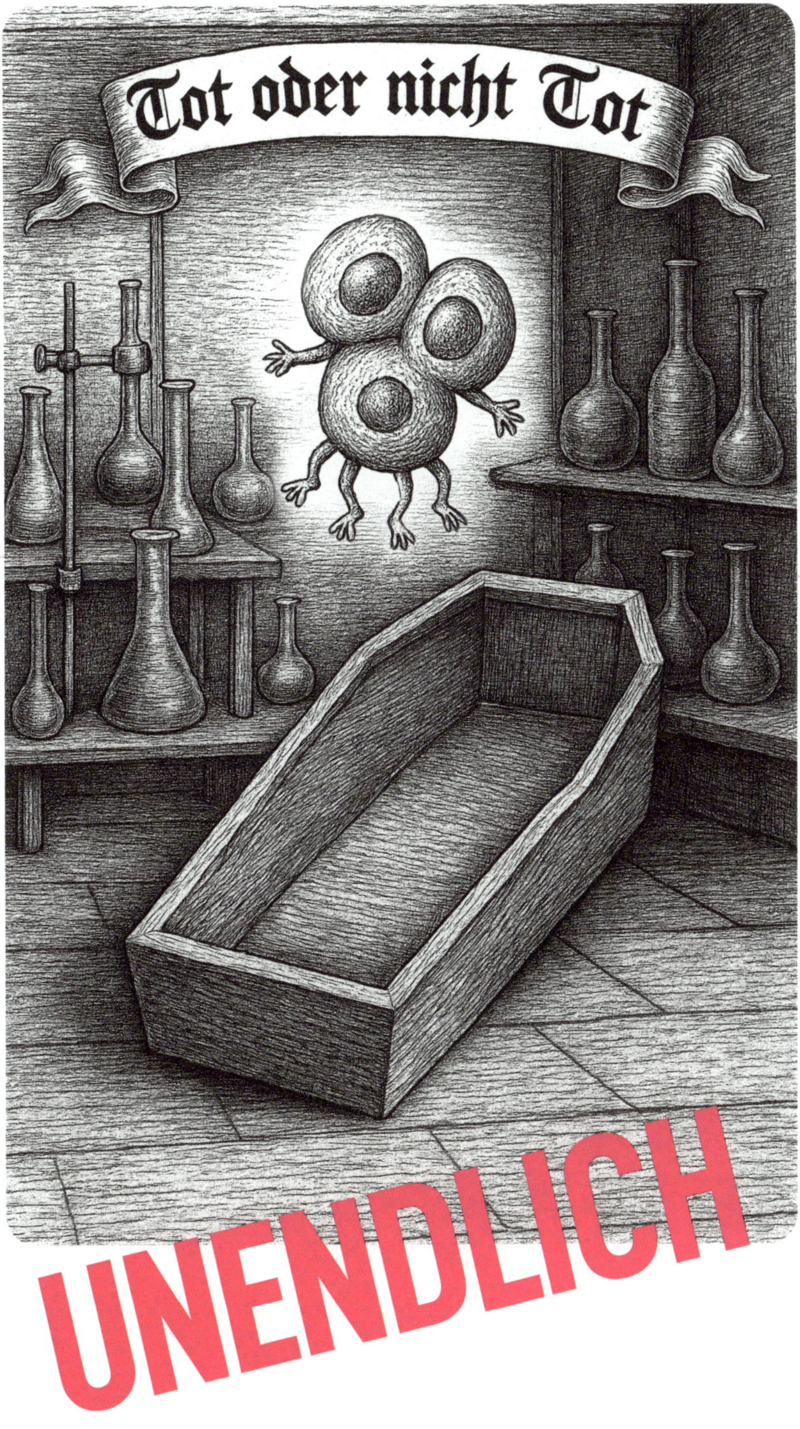
Tot oder nicht Tot
UNENDLICH

Herzlich willkommen in Teil 2. Wie angekündigt, soll es in diesem Buch nicht nur ums Ende gehen, sondern auch um Dinge, die nicht enden oder nicht aufhören wollen. Und während sich in Teil 1 schon herausgestellt hat, dass es überhaupt nicht einfach ist, das Ende von etwas zu bestimmen, macht die Unendlichkeit noch erheblich mehr Faxen. Denn man muss sich erst mal ganz grundsätzlich fragen:

GIBT ES DIE UNENDLICHKEIT?

»Zwei Dinge sind unendlich, das Universum und die menschliche Dummheit. Aber beim Universum bin ich mir noch nicht ganz sicher.« Das soll Albert Einstein gesagt haben. Hat er aber nicht. Und dort, wo er sich tatsächlich zur Unendlichkeit geäußert hat, tat er das nicht in Social-Media-tauglichen Zitatkacheln, sondern in der einzigen Sprache, in der man über die Unendlichkeit vernünftig reden kann, nämlich der Mathematik. Ja, da müssen Sie jetzt leider durch – ohne Mathematik geht es nicht, wenn Sie etwas über die wahre Unendlichkeit wissen wollen. Und wenn man über das Ende spricht, dann natürlich auch über die Unendlichkeit. Wo kommen wir denn sonst hin?

Was haben Sie gesagt? Mathematik ist so kompliziert und abstrakt, und man kann sich das alles nicht vorstellen? Richtig – aber genau deswegen brauchen wir sie bei diesem Thema. Niemand kann sich die Unendlichkeit vorstellen. Das geht schlicht und einfach nicht, unser Gehirn ist für so was nicht gebaut. Aber gerade weil die Mathematik so abstrakt und so enorm wenig anschaulich ist, kann sie mit Dingen wie der Unendlichkeit umgehen. Um das Abstrakte erforschen zu können, braucht man ein unanschauliches Tool. Also freuen

Sie sich lieber darüber, dass wir schlau genug waren, so etwas wie die Mathematik zu entwickeln. Wenn man so will, dann haben wir es mit der Mathematik geschafft, schlauer als unser eigenes Gehirn zu werden. Wenn das Gehirn sagt: »Nö, das ist mir zu kompliziert, das kann ich mir jetzt nicht vorstellen, ich scroll lieber ein wenig auf Instagram rum«, dann können wir antworten: »Nichts da, hier ist die Mathematik, da brauchst du dir nichts vorzustellen, einfach nur rechnen. Also auf geht's!«

Also: Auf geht's! Und keine Sorge, es wird jetzt zwar unvorstellbar, aber nicht kompliziert. Wir fangen mit dem an, was Sie schon in der ersten Klasse gelernt haben, nämlich den natürlichen Zahlen. Also 1, 2, 3, 4, 5 und so weiter. Und dass wir da jetzt »und so weiter« geschrieben haben, zeigt erstens, dass eh klar ist, wie es weitergeht, weil das wirklich babyleicht ist. Und zweitens, dass wir gar nicht alle natürlichen Zahlen aufschreiben könnten, selbst wenn wir das wirklich wollten und nichts anderes zu tun hätten. Es gibt unendlich viele davon. Egal wie groß eine Zahl ist, die man sich vorstellt, man muss einfach nur 1 addieren und kriegt eine, die noch größer ist.

Diese Form der Unendlichkeit ist uns vertraut, sie ist genau das, was wir uns vorzustellen versuchen, wenn wir an etwas Unendliches denken. Aber auch wenn wir das Gefühl haben, dass eh klar ist, was mit dem »und so weiter« gemeint ist, braucht man nur ein kleines bisschen weiter denken, um das wahre unvorstellbare Ausmaß der Unendlichkeit zu ahnen. »Und so weiter« heißt nämlich, dass es wirklich immer weiter geht. Immer, ohne Ende, nie und niemals. Und das heißt, dass jeder Versuch, sich eine sehr, sehr große Zahl vorzustellen, um sich der Unendlichkeit zu nähern, zwangsläufig scheitern muss. Denn sogar wenn wir uns die Zukunft des Universums ausmalen wollen (was wir im übernächsten Kapitel tun werden. Sie können jetzt natürlich umgehend vorblättern, aber dann versäumen Sie halt alles, was wir bis dahin erzählen. Wäre für uns okay, aber nur, damit Sie sich dann nicht beschweren am Ende des Buches, dass wir über das und das aber bitte auch hätten sprechen können, und dabei haben wir eh, nur Sie haben es überblättert ...) – wenn wir uns also all die unvorstellbaren Zeiträume vor Augen halten, die vergehen, bis die Schwarzen Löcher sich aufgelöst haben, die Sterne verschwunden und die Atome zerfallen sind ... Selbst dieser Zeitraum ist verschwindend gering im Vergleich zu der Unendlichkeit, die dann noch kommt.

Versuchen Sie gar nicht erst, sich das vorzustellen – das geht nicht, und weil das nicht geht, machen wir jetzt mathematisch weiter. Denn es gibt ja nicht nur die natürlichen Zahlen, die bei 1 anfangen und immer größer werden. Wir können bekanntlich auch rückwärts zählen: -1, -2, -3, -4, -5 und so weiter. Es gilt dasselbe wie vorhin: Auch in die andere Richtung geht es immer weiter, bis in die Unendlichkeit. Wenn wir jetzt alle Zahlen zusammennehmen, die positiven und die negativen (und der Vollständigkeit halber noch die 0), dann erhalten wir die Menge der ganzen Zahlen. Achtung: Jetzt kommt eine wichtige Frage! Wenn es unendlich viele positive ganze Zahlen gibt und unendlich viele negative ganze Zahlen: Wie viele ganze Zahlen gibt es dann insgesamt? Antwort: unendlich viele natürlich. (Dass Sie zuerst kurz »zweimal unendlich« gedacht haben, sagen wir nicht weiter, versprochen.)

Das klingt verwirrend. Das ist auch ein wenig verwirrend: Es gibt genauso viele negative Zahlen wie positive, nämlich unendlich viele. Aber es gibt auch genauso viele ganze Zahlen wie positive Zahlen, nämlich unendlich viele. Und es gibt genauso viele negative Zahlen wie natürliche Zahlen, nämlich unendlich viele. Man kann versuchen, es sich in Listenform vorzustellen. Nehmen wir an, wir schreiben alle negativen und positiven Zahlen abwechselnd auf: 1, -1, 2, -2, 3, -3 und so weiter. Dann kann man die Einträge in dieser Liste natürlich zählen, und zählen tun wir natürlich wieder in der Form »1, 2, 3, 4, 5, 6« und so fort. Wir sind also wieder bei den natürlichen Zahlen angelangt und können unsere positiven und negativen Zahlen bis in alle Unendlichkeit abzählen. Deswegen wird diese Art der Unendlichkeit in der Mathematik auch als »abzählbare Unendlichkeit« bezeichnet.

Was jetzt? »Diese Art der Unendlichkeit«? Wenn Sie jetzt glauben, dass es mehr als eine Art von Unendlichkeit gibt, dann haben Sie damit recht. Und weil Sie, getreu dem Motto der Science Busters, nicht glauben, sondern wissen sollen, lesen Sie jetzt bitte weiter.

Welche Unendlichkeiten können wir noch abzählen? Die rationalen Zahlen zum Beispiel, die man bekommt, wenn man zwei ganze Zahlen durch einander dividiert. So was wie 1/4 oder 3/5 oder 27/64 – also das, was man normalerweise »Brüche« nennt. Wir sparen uns das jetzt, aber mit ein bisschen Kreativität kann man auch all die unendlich vielen rationalen Zahlen so auflisten, dass man sie wie oben bei den ganzen Zahlen beschrieben abzählen kann.

Aber was ist mit den reellen Zahlen? Die bestehen aus allen Zahlen, die wir bisher schon kennengelernt haben, also den natürlichen, den ganzen und den rationalen Zahlen. Dazu kommen jetzt aber noch die irrationalen Zahlen. Das sind Zahlen, die sich nicht als Bruch darstellen lassen, also so was wie die Kreiszahl Pi. Die ist ja gleich 3,1415926535... Die Stellen hinter dem Komma hören nicht auf, die gehen einfach immer weiter, und es gibt kein System oder Muster. Das heißt, dass es auch keine zwei ganzen Zahlen gibt, die man einfach durcheinander dividieren kann, sodass das Ergebnis gleich Pi ist. Es gibt natürlich noch jede Menge andere irrationale Zahlen, die Wurzel aus 2 zum Beispiel oder die Eulersche Zahl e. Aber die wichtige Frage ist jetzt: Wie viele gibt es insgesamt? Wie viele reelle Zahlen hat die Mathematik zu bieten?

Wir fangen wieder mit einer Liste an. Stellen Sie sich vor, wie Sie alle reellen Zahlen in einer Liste notieren. Sie bräuchten dafür natürlich ein sehr großes Blatt Papier. Es muss unendlich lang sein, weil diese Liste unendlich viele Einträge enthält. Es muss aber auch unendlich breit sein, weil Sie in diese Liste ja auch Zahlen wie Pi eintragen müssen, mit unendlich vielen Stellen hinter dem Komma. Aber das ist ja das Schöne an der Mathematik: Man muss es nicht wirklich tun, sondern sich nur vorstellen, wie man's tut. Und wenn man sich das ausreichend exakt vorstellt, funktioniert es trotzdem.

Wie würde diese Liste also aussehen? Da stehen Zahlen drin wie 1 oder 17 oder 56/45 oder -63, aber auch Zahlen wie 3,1415926535… Damit das alles ein wenig übersichtlicher wird, machen wir jetzt zwei Dinge. Zuerst einmal schreiben wir alle Zahlen als Kommazahlen auf. Wir schreiben also nicht »1«, sondern »1,00000000…« Und nicht »2/3« sondern »0,66666666…«. Und bevor Sie jetzt rummeckern, dass das ja jetzt viel mehr Schreibarbeit ist als vorher, erinnern Sie sich bitte daran, dass Sie sich das eh nur vorstellen müssen. Und außerdem schreiben wir eh gar nicht alle Zahlen auf, sondern nur die, die zwischen 0 und 1 liegen.

Vor Ihrem inneren Auge haben Sie jetzt also eine Liste mit Zahlen. Sagen wir mal, sie beginnt folgendermaßen:

0,10000…

0,02000…

0,00300…

0,00040…

0,00005…

Was danach kommt, bleibt Ihnen überlassen. Wichtig ist nur, dass Sie sich vorstellen, dass da wirklich ALLE reellen Zahlen zwischen 0 und 1 drinstehen. Fertig? Gut. Wir wissen jetzt aber nicht, ob Sie sich das auch wirklich richtig vorgestellt haben. Sind Sie sicher, dass Sie keine Zahl vergessen haben? Egal, wir überprüfen das jetzt einfach.

Behalten Sie Ihre Liste im Kopf. Aber wir stellen uns jetzt zusätzlich eine ganz bestimmte Zahl vor. Sie fängt natürlich auch mit 0 an – aber an der ersten Stelle hinter dem Komma kommt definitiv keine 1. Und an der zweiten Stelle hinter dem Komma auf keinen Fall eine 2.

Die dritte Stelle hinter dem Komma kann alles Mögliche sein, aber keine 3. Sie werden es schon erraten haben: An vierter Stelle hinter dem Komma wird kein 4er sein und an fünfter Stelle kein 5er. Und so weiter. Die Zahl, die wir uns jetzt vorstellen, könnte zum Beispiel 0,23456… lauten. Oder 0,21234… Oder 0,99999… Egal wie, wichtig ist nur, dass die Zahl, die wir uns ausgedacht haben, sich an der ersten Nachkommastelle von der ersten Nachkommastelle der ersten Zahl in der Liste unterscheidet, an der zweiten Nachkommastelle von der zweiten Nachkommastelle der zweiten Zahl in der Liste, an der dritten Nachkommastelle von der dritten Nachkommastelle der dritten Zahl in der Liste. Und so weiter …

Und jetzt kommt die entscheidende Frage: Ist diese gerade imaginierte Zahl in der Liste enthalten oder nicht? Nach der langen Vorarbeit ist die Antwort recht einfach: Nein. Sie kann gar nicht in der Liste sein. Denn wir haben sie ja extra so gebastelt, dass sie sich auf jeden Fall von der ersten Zahl in der Liste unterscheidet, nämlich in der ersten Kommastelle. Sie unterscheidet sich aber auch in der zweiten Kommastelle von der zweiten Zahl. Wir haben die Zahl bewusst so konstruiert, dass sie von jeder Zahl in der Liste verschieden sein muss. Sie kann nicht Teil der Liste sein!

Aber wir waren uns doch einig, dass die Liste alle reellen Zahlen zwischen 0 und 1 enthalten soll – wieso fehlt da jetzt doch eine Zahl? Und wenn Sie jetzt sagen, dass es Ihnen leidtut, Sie die Zahl eh nur übersehen haben und gleich noch dranhängen, dann hilft Ihnen das auch nicht weiter. Denn dann kann man auf die gleiche Weise wie vorhin eine neue Zahl konstruieren, die sich wieder von allen Einträgen in der Liste unterscheidet.

Wir haben ein Problem, und das Problem war die ursprüngliche Idee. Man kann die reellen Zahlen nicht in Form einer Liste aufschreiben. Das ist, wie wir gerade bewiesen haben, unmöglich. Jeder Versuch, die reellen Zahlen so aufzulisten, dass man sie – wie vorhin die ganzen oder rationalen Zahlen – abzählen kann, muss scheitern. Man kann mit dem obigen System immer eine Zahl konstruieren, die keinesfalls in der Liste enthalten sein kann. Die Annahme, man könne die rellen Zahlen in einer Liste notieren, ist fehlerhaft. Oder anders gesagt: Es gibt überabzählbar viele reelle Zahlen! Das ist der mathematische Ausdruck. Etwas ungenauer, aber spektakulärer kann man auch sagen: Es gibt mehr als unendlich viele reelle Zahlen.

Und was soll das jetzt schon wieder heißen? Wir haben ja vorhin schon festgestellt, dass man sich nicht vorstellen kann, was »unendlich« heißt. Und jetzt soll es da von irgendwas »mehr als unendlich« geben? Ja, genau so ist es. Man kann sich »mehr als unendlich« natürlich genauso wenig vorstellen wie »unendlich«. Aber rein mathematisch abstrakt kann man das herausfinden und es beschreiben, genau das haben wir ja gerade getan. Eine durchaus beeindruckende Leistung: Wir haben einwandfrei bewiesen, dass es zwei unterschiedlich umfangreiche Arten der Unendlichkeit gibt, und das, obwohl man sich weder die eine noch die andere vorstellen kann. Genau deswegen ist die Mathematik halt auch so fantastisch.

Bevor Sie jetzt aber Geschenkkörbe und Glückwunschbekundungen an uns schicken: Wir haben uns das nicht selbst ausgedacht. Die Sache mit der noch größeren Unendlichkeit hat der deutsche Mathematiker Georg Cantor gegen Ende des 19. Jahrhunderts herausgefunden. Und nicht nur das. Er hat die Unendlichkeit überhaupt erst auf eine sinnvolle Weise mathematisch greifbar gemacht, indem er den Begriff der »Mächtigkeit« definiert hat. Vereinfacht gesagt: Die Mächtigkeit einer Menge entspricht der Anzahl der Elemente, die in der Menge enthalten sind. Die Menge aller Science-Busters-Bücher hat eine Mächtigkeit von 7. Die Menge aller Reifen an einem Fahrrad hat eine Mächtigkeit von 2. Die Menge aller Klimaaktivist:innen in FPÖ und AfD dürfte nahe bei 0 liegen – das Prinzip ist nicht schwer zu verstehen. Was Cantor aber gemacht hat, war, dieses Konzept auch auf Mengen mit unendlich vielen Elementen auszuweiten, und zwar genau mit der Technik, die wir im Laufe dieses Kapitels verwendet haben: Wenn man zwei unendlich große Mengen hat, dann kann man ausprobieren, ob man sie irgendwie so sortieren kann, dass jedem Element der einen Menge genau ein Element der anderen Menge zugeordnet werden kann. Wenn man jeder rationalen Zahl eine natürliche Zahl an die Seite stellen kann (was nur eine andere Art ist, zu sagen, dass man sie der Reihe nach abzählen kann), dann sind beide gleich mächtig – und in dem Fall beide abzählbar unendlich groß. Bei der Menge der reellen Zahlen lässt sich aber nicht mehr jedem Element ein Element aus der Menge der natürlichen Zahlen zuordnen. Es bleiben immer reelle Zahlen übrig – diese Menge ist also überabzählbar und »mächtiger« als die normale Unendlichkeit. Cantor hat die unterschiedlichen unendlichen Mächtigkeiten mit dem hebräischen Buchstaben א (Aleph) bezeichnet und durchnummeriert. Das, was wir normalerweise meinen, wenn wir »unendlich« sagen, also die unendlich vielen natürlichen Zahlen, die immer weiter gehen, heißt bei Cantor $\aleph_0$ (Aleph-Null).

Jetzt könnte man natürlich auf die Idee kommen, dass die noch größere Unendlichkeit der reellen Zahlen dann $\aleph_1$ (Aleph-Eins) ist. Und tatsächlich ist das so, aber nur, wenn wir uns dafür entscheiden, dass es so sein soll. Diese verwirrende Tatsache nennt sich die »Kontinuumshypothese«. Und die entscheidende Frage, die sich damals schon Cantor selbst gestellt hat, ist: Gibt es eine Menge, die unendlicher ist als die natürlichen Zahlen, aber weniger unendlich als die reellen Zahlen? Die Antwort aus Sicht der Mathematik lautet überraschenderweise: Ist mir egal, mach, wie du willst. Oder etwas anders formuliert: Aus den Grundlagen der Mengenlehre (auf denen nicht nur die ganze Geschichte mit der Mächtigkeit, sondern die gesamte Mathematik beruht) folgt, dass man weder beweisen kann, dass die

Antwort auf Cantors Frage »Ja« ist, noch, dass sie »Nein« lauten muss. Man kann sich die Antwort also aussuchen, und die Mathematik funktioniert danach trotzdem noch ohne Probleme weiter. Je nachdem, wofür man sich entscheidet, halt auf unterschiedliche Weise. Aber wenn wir das jetzt auch noch ausführlich erklären wollen würden, müssten wir mit der Zermelo-Fraenkel-Mengenlehre, dem Auswahlaxiom und dem Unvollständigkeitssatz von Gödel anfangen. Und wenn Sie das mit der Unendlichkeit schon für abstrakt und schwer vorstellbar gehalten haben, dann seien Sie gespannt, was da noch auf Sie wartet ...

Belassen wir es also vorerst dabei, dass die Unendlichkeit nicht nur groß ist, sondern größer, als wir uns vorstellen können, sie uns vorzustellen. Denn neben $\aleph_0$ und der größeren Unendlichkeit $\aleph_1$ kann man aus mathematischer Sicht ohne Probleme auch noch Mengen der Mächtigkeit $\aleph_2$, $\aleph_3$ (und so weiter, Sie ahnen es) konstruieren. Jede davon ist noch unendlicher als die davor, und man kann die unterschiedlich großen Unendlichkeiten unendlich übereinanderstapeln. Im Angesicht der Cantor'schen Mächtigkeiten verblasst das Endliche bis zur Unkenntlichkeit. Und wir können froh sein, dass wir ab und zu doch noch etwas finden, was ein Ende hat. Dieses Kapitel zum Beispiel.

DAS ENDE DER MILCHSTRASSE

Da schauen Sie, kaum ein halbes Buch ist es her, da wollte sich das Ende der Milchstraße schon vordrängeln, was wir aber aus guten Gründen verhindert haben, und jetzt ist es so weit. Warum? Weil wir uns nach der abstrakten Beschäftigung mit der Unendlichkeit nunmehr die sehr konkrete Frage stellen wollen: Findet man eigentlich im All Unendlichkeit? Und wenn ja, wo? (Gut, das waren genau genommen zwei Fragen. Wir hätten aber auch beide in einen Satz packen können, dann wäre es fast niemandem aufgefallen. Und angesichts von unendlichen Unendlichkeiten ist die Frage, ob eine oder zwei eine oder zwei sind, wirklich nicht von Belang.)

Astronomische Objekte kommen uns in der Tat manchmal unendlich groß vor. Sie sind es aber natürlich nicht. Wie auch. Tatsächlich ist es aber im Einzelfall gar nicht so einfach, herauszufinden, wo genau sie enden. Zu den allermeisten astronomischen Objekten können wir ja nicht einfach hinreisen und schauen, wo sie aus sind.

Wie schnell ein Ende ein Ende nehmen kann, davon kann die Milchstraße ein Lied singen. Zuerst die gute Nachricht: Am 1. Januar 2025 haben wir den 100. Geburtstag der Extragalaktik gefeiert. Danke für die Glückwünsche.

Die Extragalaktik gibt es wirklich, ganz seriös und akademisch, auch wenn der Name ein wenig klingt wie ein wissenschaftlich aufgehübschter Fake-Begriff aus der Esoterik. So wie Prä-Astronautik. Die hat tatsächlich mit Wissenschaft nicht das Geringste zu tun und ist als Hirngespinst vor allem durch die publizistische Tätigkeit des Schweizers Erich von Däniken zur Zeit der ersten Mondlandung bekannt geworden. Däniken hatte angeblich schon Ende der 1980er-Jahre einen Außerirdischen getroffen. Persönlich. Der Außerirdische war allerdings er selbst, nur ein paar Jahrzehnte jünger, wie sich herausstellte. Dadurch konnte er sich mit ihm unterhalten, vermutlich sogar auf Schweizerdeutsch. Was sehr praktisch gewesen sein dürfte und vielleicht sonst blöd laufen kann, wenn die Aliens nur Außerirdisch sprechen. Allerdings weiß Däniken dadurch vermutlich auch nicht, wie man Außerirdische an sich richtig begrüßt, weil er es sich selbst als Alien so leicht gemacht hat … So kann's gehen.

Die Extragalaktik hingegen ist faszinierend und das astronomische Forschungsgebiet, das sich mit allem beschäftigt, was außerhalb unserer eigenen Galaxie, der Milchstraße, liegt. Warum aber fällt ihr Jubiläum gerade auf den Neujahrstag? Vielleicht weil der genaue Geburtstag der anderen Galaxien unklar ist, wie bei Geflüchteten ohne Papiere oder zu alten Kardinälen, die trotzdem gern beim Konklave mitwählen möchten und deshalb ihr Geburtsdatum ändern lassen? Um das zu klären, machen wir einen kurzen Ausflug ins Universum der 1920er-Jahre.

Die Frage nach dem Ende der Milchstraße, die uns heute ziemlich banal erscheint, war vor 100 Jahren eine der großen Fragen der Astronomie, ja eine der großen Fragen unseres kosmischen Weltbildes überhaupt. Heute würde ein astronomisch halbwegs gebildeter Mensch auf die Frage, wo die Milchstraße zu Ende ist, wohl sagen: »Na halt da, wo ihre Sterne aufhören.« Wir kennen alle die Bilder unserer Galaxis von oben, oft mit einem launischen »Vous-êtes-ici / You are here«-Standortsymbol auf einem äußeren Spiralarm versehen. Diese Bilder sind natürlich überhaupt keine Bilder, sondern künstlerische Darstellungen, denn so weit draußen war noch niemand, um zu fotografieren. Obwohl es den meisten Menschen nicht bewusst ist, wissen wir mittlerweile dennoch ziemlich genau, wo wir sind. Vor 100 Jahren war das noch ganz anders. In den 1920ern wussten wir nicht nur nicht, wie groß die Milchstraße ist und wo sie aufhört, sondern auch nicht, ob es außer der Milchstraße überhaupt noch etwas anderes gibt. Der Großteil der Astronomen (und auch der wenigen Astronominnen) war damals der Ansicht, die Milchstraße sei nicht nur unsere Galaxis, sondern einfach unser gesamtes Universum. Daher auch der Name Extragalaktik, weil die Milchstraße damals alles war und wir keine anderen Galaxien kannten. Das Ende der Milchstraße war auch das Ende des Universums. Und wir kannten weder dessen Größe noch wussten wir, wo wir uns darin genau befanden.

Warum haben wir das nicht gewusst, waren damals alle blöder? Natürlich nicht, und das wäre auch eine gewagte Behauptung angesichts des Personals, das dieser Tage durch unsere Nachrichtensendungen und Talkshows geistert. Das Problem lag in der Bestimmung von tatsächlichen Entfernungen. Wir sehen ja alles, was da draußen im All passiert, nur zweidimensional, ohne Tiefe. Der Himmel ist für uns quasi ein riesiger kugelförmiger Bildschirm (und nein, wir befinden uns nicht in einer außerirdischen Truman-Show, zumindest nicht, solange sich die Außerirdischen auch an physikalische Gesetze halten müssen). Die Tiefe des Bildes, also die Entfernung der Dinge, müssen wir irgendwie indirekt herausfinden. Und das war vor 100 Jahren noch nicht möglich. Oder eben nur auf sehr kurzen astronomischen Entfernungen von maximal einigen Hundert Lichtjahren, also nur bei den Sternen in unserem galaktischen Hinterhof.

Die Milchstraße mit ihren 100 000 Lichtjahren Durchmesser war im wahrsten Sinne des Wortes unermesslich. Bis die Astronomin

Henrietta Leavitt durch ihre unglaublich akribische Vermessungsarbeit eine Möglichkeit fand, die Entfernung von Sternen in beinahe beliebig großen Distanzen zu bestimmen. Sie arbeitete Anfang des letzten Jahrhunderts an der Sternwarte des Harvard-Colleges als Computer. Das klingt lustiger, als es ist, denn *computare* kommt von *putare*, das steht im Lateinischen für »denken, rechnen«, und *com* heißt in Zusammensetzungen »mit, zusammen«, das wird Ihnen jeder Kurienkardinal gerne bestätigen, egal ob er sein Geburtsdatum hat anpassen lassen oder nicht. Es ist aber auch deshalb weniger lustig gewesen, als Computer zu arbeiten, weil es ein mathematischer Knochenjob war, den insbesondere Frauen zu leisten hatten. Bestenfalls halb so gut bezahlt wie ihre männlichen Kollegen und ohne Zugang zu Teleskopen oder gar Lehrstühlen an den Forschungseinrichtungen. Deshalb war Leavitt bei ihrer Arbeit auf Fotografien angewiesen, denn live schauen durfte sie nicht. Umso bemerkenswerter, was sie herausfand.

Sie erkannte, dass bestimmte Sterne umso heller leuchten, je langsamer sie pulsieren. Diese spezielle Art von Sternen, die sogenannten Cepheiden, verändern ihre Helligkeit sehr regelmäßig, werden also wie ein Leuchtturm immer wieder heller und dunkler. Leavitt bemerkte, dass die helleren Leuchttürme langsamer blinken. Das bedeutet aber auch: Durch die Messung der Blink-Dauer erkennt man die tatsächliche Helligkeit des Sterns und damit seine Entfernung. Sehen Sie es so: Je weiter der Leuchtturm entfernt ist, desto weniger hell erscheint er. Doch durch sein Blinkmuster wissen wir, wie hell er wirklich ist, und können somit leicht ausrechnen, wie weit er weg sein muss.

Sofort machten sich Forscher an die genaue Beobachtung der galaktischen Leuchttürme. Mithilfe der Cepheiden gelang es schnell, die Milchstraße genauer zu vermessen. Das Ergebnis war unerwartet: Die Größe der Milchstraße war immens und unsere Position darin unbedeutend – am Rand und nicht im Zentrum. Doch was hatte es mit diesen anderen kleinen Nebelchen am Himmel auf sich, wie weit weg waren sie? Waren sie klein und Teil des Milchstraßen-Universums oder riesig und eigene Sterneninseln in einem noch gigantischeren Universum?

Die Debatte schien lange unlösbar. So lange, bis Edwin Hubble Anfang der 1920er-Jahre am Mount-Wilson-Observatorium in Kalifornien mithilfe des Hooker-Spiegelteleskops einen Cepheiden in M31, dem Andromedanebel, entdeckte. Er hatte den Stern zuvor aufleuchten und dann langsam dunkler werden sehen: eine Sternexplosion oder Nova, wie sie da draußen öfter vorkommt. Doch dann, etwa zwei Wochen später, war der Stern plötzlich wieder da, genauso hell wie bei seinem ersten Aufleuchten. Und so ging es weiter. Es war keine Nova, es war ein Cepheide! Sie können sich Hubble vorstellen, wie er hastig zu einem Blatt Papier greift, die einfache Formel für das Entfernungsmodul aufschreibt, die Zahlen einsetzt und das Ergebnis bekommt: eine Zahl, die so absurd groß ist, dass auch der exzentrischste Astronom in den 1920er-Jahren es nicht für möglich gehalten hätte. (Oder stellen Sie sich vor, wie Hubble schon zum Essen gerufen wird und sagt: »Einen kleinen Moment noch!«, und dann kommt er doch nicht, weil die Rechnung länger dauert und er es nicht glauben kann. Oder er hat was am Herd stehen, was gleich übergeht, und keine Zeit, die Rechnung zu unterbrechen. Oder stellen Sie sich's ohne Nahrungsmittel vor. Die Aufregung dürfte jedenfalls entsprechend gewesen sein.) Denn der unscheinbare Cepheide war nicht 1000 oder 10 000 Lichtjahre entfernt, sondern Millionen von Lichtjahren! Und das ist ein Unterschied, selbst in der Astronomie mit ihren riesigen Dimensionen. Der Andromedanebel musste eine eigene, gigantische Galaxie sein. Und dasselbe musste auch für alle anderen kleinen Nebelchen am Himmel gelten. Das Universum war auf einen Schlag – mit einem Stern – von einem heimeligen Milchstraßen-Universum zu einem gewaltigen, extragalaktischen Monster geworden!

Das war im Oktober 1923. Aber warum feiern wir den galaktischen Geburtsmoment dann erst 15 Monate später? Weil es sich tatsächlich um eine schwere Geburt gehandelt hat. Wissenschaftliche Erkenntnisse sind ja für gewöhnlich keine Aha-Momente, sondern langwierige und oft mühselige Arbeit. Obwohl es in diesem Fall wirklich ungewöhnlich schnell ging und das Ergebnis ziemlich eindeutig war. Hubble war sich bewusst, dass so ein weitreichendes Resultat auch wasserdichte Beweise erforderte, und suchte darum sofort nach weiteren Cepheiden – die er auch bald fand und die sein Ergebnis untermauerten. Trotzdem gelangte es erst im Januar 1925 an die Öffentlichkeit. Was hat Hubble so lange getrieben – Pfeife geraucht und neben seinem Riesenteleskop für Fotos posiert? Sich anderweitig die Zeit im Internet mit seinem Hooker Telescope vertrieben? Oder musste er seine astronomische Kollegenschaft ein Jahr lang überzeugen, weil die ihm seine Ergebnisse nicht glaubte? Ganz im Gegenteil. Er verständigte einige seiner Konkurrenten, darunter auch Harlow Shapley, den prominentesten Vertreter der Theorie des Milchstraßen-Universums. Shapley war zwar erschüttert von Hubbles Ergebnissen, ermutigte ihn aber sofort, seine Arbeit zu veröffentlichen.

Doch der war noch nicht bereit dazu. Verschiedene Leute redeten auf ihn ein, doch er weigerte sich. Als er im Dezember 1924 immer noch nichts veröffentlicht hatte, bearbeitete ihn sein Kollege und Freund Henry Norris Russell (der, der später gemeinsam mit dem dänischen Astronomen Ejnar Hertzsprung im Rahmen des berühmten Hertzsprung-Russell-Diagramms für Furore sorgen sollte) so lange, bis er seine Ergebnisse endlich in einen wissenschaftlichen Artikel packte und im letzten Moment an die American Astronomical Society schickte, die kurz darauf ihre Jahrestagung abhalten sollte. Aber präsentieren wollte er sein Papier dort trotzdem nicht. So groß war anscheinend seine Befürchtung, sich mit seiner Arbeit vor der versammelten astronomischen Community lächerlich zu machen.

Einer der bekanntesten Astronomen des 20. Jahrhunderts litt offenbar unter einem Zustand, den wir heute Impostor-Syndrom nennen würden – das psychologische Phänomen, dass man nicht an die eigenen Fähigkeiten glaubt und fürchtet, als Scharlatan enttarnt zu werden, obwohl die Kompetenz unbestritten ist. Hätte es damals die Prä-Astronautik schon gegeben, hätte er bei deren prominenten Vertretern fragen können, wie man der Öffentlichkeit ohne derartige Zweifel gegenübertreten kann, in dem Fall sogar ohne Kompetenz, dafür aber mit kostenpflichtigem Informationsangebot. Und so kam es, dass Russell Hubbles Paper stellvertretend für ihn vorlas auf der Konferenz, und zwar genau am 1. Jänner 1925. Die Neuigkeit wurde Augenzeugenberichten zufolge von der versammelten Menge sogar mit Standing Ovations aufgenommen – und der Rest ist Geschichte. Die Milchstraße hat vielleicht nicht mitgeklatscht, immerhin war sie auf einmal nicht mehr Universum, sondern nur mehr eine Galaxie von vielen, aber sonst war die Begeisterung einhellig. Hubble schien mit seiner großen Entdeckung aber nie ganz glücklich geworden zu sein. Er weigerte sich auch, die neue Bezeichnung »Galaxien« für den Andromedanebel und die anderen Sterneninseln zu verwenden, wie es sein ehemaliger Konkurrent, der geknickte Shapley, vorschlug. Der Mann, der die Existenz der Galaxien entdeckte, sollte sie selbst nie so nennen und zeit seines Lebens auf dem Begriff »extragalaktische Nebel« beharren …

Wir wissen also seit genau 100 Jahren, dass die Milchstraße irgendwo aufhört und dass sie eben nicht das ganze Universum ist, sondern nur eine von Milliarden von Galaxien. Trotzdem kann bis heute niemand mit Sicherheit sagen, wo genau das Ende der Milchstraße liegt. Ja, die Sternenscheibe der Galaxis – und auch die der anderen Spiralgalaxien – hat tatsächlich ein recht abruptes Ende, aber die Galaxien hören da, wo keine Sterne mehr zu sehen sind, noch lange nicht auf. Galaxien bestehen ja, so wie alle großen Strukturen im Universum, hauptsächlich aus Material, das für uns unsichtbar ist. Und damit ist noch nicht einmal die ominöse Dunkle Materie gemeint, sondern zuerst mal der ganze Staub und das ganze Gas, also alles, was nicht in Sternen gebunden ist. Wir sehen mit unseren kleinen Augen ja eigentlich nur Sterne oder von Sternenlicht angeleuchtete bzw. sternenheiße Dinge. Kaltes Gas oder sehr dünnes, aber extrem heißes Gas ist für uns unsichtbar.

Doch das meiste Material im Universum liegt in Form dieses dünnen Gases vor, nicht in Form von Sternen. Galaxien sind von einer gigantischen Gashülle umgeben, einer Art galaktischen Atmosphäre, genannt Halo. Das klingt schwammiger, als es ist, und hat auch nichts mit dem Heiligen Geist oder esoterischer Aura zu tun. Diese Gashülle ist in gewissem Sinne tatsächlich eine Atmosphäre, nur besteht sie eben aus anderen Gasen als die Atmosphäre der Erde. Das Gas ist auch in einem ganz anderen Zustand, nämlich extrem ausgedünnt, dafür aber meist sehr heiß. Durchschnittlich findet sich in den Halos der Galaxien etwa ein Atom pro Kubikmeter. Das ist weniger als ein Milliardstel Milliardstel der Dichte von Luft. Leerer als das perfekteste Vakuum, das wir auf der Erde erzeugen können.

Könnte uns und den Galaxien dieser Halo aus Nichts dann nicht eigentlich vollkommen wurscht sein? Nein, denn was im Halo passiert, bleibt nicht im Halo, sondern trägt wesentlich zu dem bei, was später im Inneren der Galaxie vor sich geht. In den Halos befindet sich das Material der vergangenen und auch der zukünftigen Sterngenerationen. Wie auf dem Förderband in einer Recycling-Fabrik wird das Gas durch den Halo befördert. Zuerst wird es durch Supernova-Explosionen weit hinausgeschleudert, und dann, Dutzende Millionen von Jahren später, fällt es wieder zurück in die Sternenscheibe, wo es zu neuen Sternen und deren Planeten – inklusive potenzieller neuer Lebewesen – verwurstet wird. Der Halo ist daher voller Informationen über die Vergangenheit und Zukunft einer Galaxie. Und es ist gut möglich, dass ein Teil der Atome, die sich in unserem Körper befinden, den galaktischen Kreislauf schon einmal oder auch mehrmals durchlaufen hat. Ein Teil des Sauerstoffs, den Sie gerade eingeatmet haben, hat vielleicht schon mal den intergalaktischen Raum durchkreuzt. Was der alles erzählen könnte! Und Sie binden ihn ganz nebenbei an Kohlenstoff, um ihn als CO_2 einfach wieder auszuatmen.

Wie weit hinaus erstreckt sich dieser unsichtbare Recycling-Halo? Bei unserer eigenen Milchstraße ist das schwer zu sagen, ein wenig so, als würde man in einem Haus sitzen und wissen wollen, wie hoch das Dach und der Schornstein sind, ohne jemals vor die Tür gegangen zu sein. Wir können die Milchstraße nicht von außen betrachten. Keine Raumsonde, kein Satellit hat es bisher aus unserer Galaxie herausgeschafft, und selbst das Raumschiff Enterprise ist nur ein paar Mal in den extragalaktischen Raum geflogen. Andere Häuser können wir besser sehen und vermessen, zum Beispiel unser Nachbarhaus: die Andromedagalaxie.

Seit ein paar Jahren wissen wir, dass der Halo der Andromedagalaxie deutlich größer ist als bisher angenommen. Unsere Nachbargalaxie ist als kleines verwaschenes Fleckchen am Himmel zu erkennen. Doch könnten wir ihren unsichtbaren Gas-Halo sehen, wäre er am Himmel riesig – etwa dreimal so groß wie der große Wagen. Wie vermisst man etwas Unsichtbares? Das Team hat den Halo von M31 im wahrsten Sinne des Wortes durchleuchtet. Aber natürlich nicht absichtlich mit einer eigenen Lichtquelle … Ja, wir schicken absichtlich Laserstrahlen in den Himmel, um für die Kalibrierung unserer Teleskope künstliche Sterne zu erzeugen oder um die Entfernung zum Mond zu vermessen, aber bis in die Andromedagalaxie reichen unsere Laser bei Weitem nicht. Einen galaktischen Halo durchleuchtet man mit der Leuchtkraft weit entfernter Quasare.

Quasare sind extrem helle Galaxien aus dem fernen und frühen Universum, die dank ihrer extremen Leuchtkraft recht gut zu beobachten sind, auch wenn sie sich hinter einer anderen, nahe gelegenen Galaxie befinden. In der gerade erwähnten Studie wurden 43 Quasare beobachtet, die von uns aus gesehen hinter den Randbereichen der Andromedagalaxie liegen, also hinter ihrem galaktischen Halo. Auf dem langen Weg zu uns kreuzt das Licht der Quasare kurz durch die Gashülle der Andromedagalaxie – und das dort herumschwebende Material hinterlässt Spuren in dem Licht.

Auf diese Weise wurden im Halo der Andromedagalaxie nicht nur ein paar verstreute Atome, sondern insgesamt etwa 40 Milliarden Sonnenmassen an Silizium, Sauerstoff, Kohlenstoff und anderen Elementen aufgespürt. Das ist die Masse einer kleineren bis mittelgroßen Galaxie. Andromedas Halo-Material wäre für sich allein genommen schon die drittgrößte Galaxie in unserer Lokalen Galaxiengruppe, würde sich also gleich hinter der Milchstraße und der Andromedagalaxie einreihen. Und es reicht rund 1,3 Millionen Lichtjahre weit ins All hinaus, was etwa zehnmal so groß ist wie der Durchmesser ihrer Sternenscheibe. An einigen Stellen könnte der Andromedahalo sogar bis zu 2 Millionen Lichtjahre weit hinausreichen. Die Entfernung zwischen Milchstraße und Andromeda beträgt etwa 2,5 Millionen Lichtjahre – das heißt also, die Halos der beiden Galaxien überlappen sich wahrscheinlich schon. Die große Kollision der beiden Galaxien, die in 3 bis 4 Milliarden Jahren mit dem Zusammenkrachen der Sternenscheiben ihren Höhepunkt erreichen wird, hat in Wirklichkeit schon begonnen.

Doch keine Sorge: Obwohl diese Kollision natürlich das definitive Ende der Milchstraße, wie wir sie kennen, bedeutet, wird die Sonne höchstwahrscheinlich nicht mit einem anderen Stern zusammenstoßen. Zwischen den einzelnen Sternen ist einfach so unglaublich viel Platz, dass die Sterne der beiden Galaxien aneinander vorbeifliegen wie Vögel in einem Vogelschwarm. Das Gas dagegen stößt sehr wohl zusammen, wird komprimiert und bringt Unmengen an neuen Sternen hervor. Ein megalomanisches Spektakel in Rosa, Grün und Blau, das die zukünftigen Erdbewohner und ihre Partygäste auch direkt von der Erdoberfläche aus beobachten könnten. Wäre da nicht das nahende Ende der Sonne, die mit ihrer Ausdehnung zum Roten Riesen die Party versauen, die Ozeane zum Verdampfen bringen und so die Erde schon lange vor dem Feuerwerk unbewohnbar machen wird.

Der Milchstraße ist unser Schicksal natürlich herzlich egal, genauso wie ihr eigenes Ende. Denn das ist ja in Wirklichkeit auch kein Ende, sondern nur der Anfang einer neuen Riesengalaxie namens: Milkomeda.

Wenn es denn überhaupt dazu kommen sollte. Denn neuere Modellierungen haben ergeben: Die beiden Galaxien bringen möglicherweise gar keine Havarie zusammen. Wenn man nämlich die zwei größten der vielen kleinen Begleitergalaxien von Andromeda und Milchstraße in den Simulationen mitberücksichtigt, verringert sich die Wahrscheinlichkeit einer Kollision deutlich. Die kleineren Galaxien lenken die beiden größeren so stark von ihrem Kollisionskurs ab, dass sie möglicherweise sogar aneinander vorbeifliegen, statt zu fusionieren. Es könnte also reine Angeberei sein, mit der die Milchstraße und die Andromedagalaxie ihre Börsenkurse manipulieren wollen, indem sie von Fusionen sprechen, die das galaktische Kartellamt gar nicht genehmigt hat. Sicher ist allerdings auch das wieder nicht. Wer die Forschungsgeschichte rund um solche Vorkommnisse kennt, die niemand von uns auch nur annähernd erleben wird, der weiß: In ein paar Jahren kann das wieder ganz anders aussehen, und so geht das vielleicht ewig hin und her. Bis zum Ende des Universums. Denn das ist angeblich bereits unendlich groß und dehnt sich trotzdem noch aus. Da muss die Frage schon einmal erlaubt sein:

WO IST DAS ENDE DES UNIVERSUMS?

Nicht nur unsere Galaxie wird durch die Fusion mit der Andromedagalaxie größer. Auch unser beobachtbares Universum vergrößert sich, und zwar jede Sekunde um etwa 300 000 Kilometer. Während Sie diesen Satz gelesen (oder gehört) haben, sind in jede Richtung etwa eine Million Kilometer Universum dazugekommen. 300 000 Kilometer pro Sekunde klingt viel. 300 000 Kilometer sind aber nur etwas weniger als die Entfernung zum Mond, also für ein ganzes Universum lächerlich wenig. Ja, das Universum expandiert, aber damit haben die 300 000 Kilometer pro Sekunde überhaupt nichts zu tun. Auch ein statisches Universum würde für uns jede Sekunde um 300 000 Kilometer größer werden. Die Betonung liegt auf »für uns«, denn das ist die Menge an Raum, die wir jede Sekunde zusätzlich sehen können. Durch die endliche Geschwindigkeit des Lichts sehen wir nur so weit ins Universum hinaus, wie es uns das Licht möglich macht. Je weiter eine Galaxie von uns entfernt ist, desto länger braucht das Licht ihrer Sterne bis zu uns. Nur die Gegenden, aus denen das Licht schon früh genug aufgebrochen ist, können wir auch sehen. Es ist wie bei der Weihnachtspost. Die Geschenke, die zu knapp oder von zu weit her abgeschickt wurden, gibt es erst zum nächsten Geburtstag. Jede Sekunde kommen also neue Weihnachtsgeschenke in Form von Licht aus dem fernen Universum bei uns an. Wir bekommen jede Sekunde ein Stück neues, frisches Universum präsentiert. Man könnte auch sagen: Alle sitzen wir im Zentrum unseres eigenen, beobachtbaren Universums.

Wenn wir vom Ende des Universums sprechen, ja wenn wir überhaupt über das Universum sprechen, ist beinahe ausschließlich unser beobachtbares Universum gemeint, also der Teil des gesamten Universums, den wir auch tatsächlich untersuchen können, weil das Licht schon genug Zeit hatte, um bis zu uns zu gelangen. Unser beobachtbares Universum hat also doch ein Ende. Und wie sieht es dort aus, bzw. was befindet sich hinter dem Ende? Dort sieht es (höchstwahrscheinlich) genauso aus wie bei uns, nur ohne McDonald's, also ohne die Möglichkeit, unterwegs schnell aufs Klo zu gehen. Am Ende des Universums ist weit und breit kein Ende in Sicht, und es gibt genauso viel Universum in alle Richtungen wie von unserem Standpunkt aus gesehen. Denn außerhalb unseres beobachtbaren Universums befindet sich einfach: jede Menge mehr Universum. Und das geht vermutlich unendlich so weiter.

Man darf sich das Universum aber trotzdem nicht wie eine Kugel vorstellen, die in einen unendlich großen Block an Unbekanntheit eingebettet ist und langsam größer wird. Also, man darf schon, verboten ist es nicht, aber es ist halt nicht korrekt. Durch die endliche Lichtgeschwindigkeit und die damit verbundene endliche Lichtlaufzeit von einem Ort zum anderen ist der Weltraum nicht einfach ein »normales Stück Raum«, in dem halt im Lauf der Zeit etwas passiert. Der Weltraum sollte eigentlich Weltraumzeit heißen und ist eine sehr schräge Konstruktion aus miteinander verwobener Zukunft und Vergangenheit.

Da das Licht eine bestimmte Zeit bis zu uns braucht, sehen wir bei weit entfernten Dingen nie »aktuelles« Licht, sondern lang vergangenes. Wir schauen also nicht nur in den fernen Weltraum hinaus, sondern auch in die Weltraumzeit zurück. In der Astronomie ist alles, was passiert, nicht nur weit weg, sondern auch schon lange oder sehr lange her.

Wenn wir also ins Universum hinausblicken, stoßen wir irgendwann sehr wohl an ein Ende: nämlich an seinen Anfang. Das Universum hat vor knapp 14 Milliarden Jahren im Urknall begonnen. Und wir können mittlerweile wirklich bis beinahe an den Anfang des Universums zurückschauen: Wir sehen Galaxien im frühen Babyuniversum, die existierten, als das Universum erst einige 100 Millionen Jahre alt war. Auf ein typisches Menschenleben gerechnet entspräche das einem etwa eineinhalbjährigen Kind. Aber das ist noch nicht das Ende. Wir könnten tatsächlich bis zum Urknall sehen, wenn das Universum damals durchsichtig gewesen wäre.

Das war es aber leider nicht. Denn am Anfang war das Universum so dicht und so unglaublich heiß, dass es im wahrsten Sinn des Wortes undurchsichtig war. Jegliches Licht wurde sofort wieder verschluckt. Erst nach ungefähr 400 000 Jahren war das Universum dann so weit abgekühlt, dass das Licht zum ersten Mal entkommen konnte – und genau dieses erste Licht können wir heute immer noch überall um uns herum beobachten. Es ist die kosmische Hintergrundstrahlung, der Nachhall des anfänglichen Infernos, das älteste Licht des Universums – und das Ende seiner Durchschaubarkeit.

Durch die kosmische Hintergrundstrahlung wissen wir auch, dass das Universum expandiert, dass alles in einem extrem dichten und heißen Zustand begonnen haben muss und sich seither immer weiter ausdehnt. Warum sonst sollte das Weltall überall die gleiche Temperatur haben? Diese Expansion treibt alles auseinander und wirkt auch der Ausbreitung des Lichts entgegen. Das Licht muss wie eine Schwimmerin gegen die Strömung des expandierenden Universums ankämpfen. Das erklärt auch, warum das Ende unseres beobachtbaren Universums nicht 14 Milliarden Lichtjahre entfernt ist, sondern etwa das Dreifache: Während das Licht aus dem frühen Universum zu uns unterwegs war, hat sich der Raum einfach weiter ausgedehnt. Als das Licht der ersten Galaxien sich auf den Weg in unsere Richtung machte, war das Universum noch viel kleiner. Inzwischen ist es aber wesentlich größer als die Entfernung, die das Licht zurücklegen musste. Diese Galaxien, deren Licht jetzt bei uns ankommt, sind in der Zwischenzeit für uns quasi unsichtbar geworden. Wir werden nie wissen, was aus ihnen geworden ist.

Wenn wir ins Universum hinausschauen, blicken wir wegen der Expansion also immer auch in ein kleineres Universum zurück. Und können, anders als Verwandte, die nur selten zu Besuch kommen, dem Universum bescheiden: »Oha, klein bist du geworden!« Aber könnten wir dieses Kleinerwerden nicht auch bis zu einem bestimmten Punkt zurückverfolgen? Der Punkt, an dem alles angefangen hat, der also der Ursprungsort des Universums ist?

Nein, denn da kommt wieder die Raumzeit ins Spiel. Stellen Sie sich das Universum als einen Luftballon vor, der sich langsam aufbläht. Unser Weltraum entspricht in dieser Analogie aber nicht dem Inhalt des Luftballons, der immer größer wird, sondern nur seiner Oberfläche. Auch die Gummihaut des Luftballons expandiert, und wenn Sie Punkte draufgemalt haben oder von mir aus auch kleine Galaxien, sehen Sie, dass diese sich voneinander wegbewegen. Würden wir die Ausdehnung des Luftballons jetzt an seinen Ursprungspunkt zurückverfolgen, dann läge der im Inneren des Ballons und nicht auf der Oberfläche der aufgeblasenen Gummihaut. Der Punkt, an dem alles angefangen hat, liegt also nicht in unserem Universum. Aber natürlich war der ganze Luftballon – konsequent zu Ende gedacht – mal in diesem Punkt in der Mitte vereint. Der Punkt, an dem alles angefangen hat, liegt also in der Vergangenheit – überall und nirgendwo gleichermaßen. Das wäre eine Vergangenheitsbewältigung, wie sie Ewiggestrigen sehr behagen würde, könnte man doch die Verantwortung dann besser verteilen. Aber im Fall unseres Universums ist das nicht niederträchtig, sondern so präzise wie möglich.

Aus unseren Beobachtungen der Vergangenheit des Universums können wir auch in die Zukunft extrapolieren. Wir wissen, dass das Universum expandiert, so viel ist fix. Aber wie genau wird es weitergehen? Wird es für immer weiter expandieren oder sollte es nicht eigentlich wieder langsamer werden? Schließlich ist das Universum ja nicht leer, sondern voll mit allem möglichen Zeug wie etwa Sternen, Galaxien, Galaxienhaufen und noch riesigeren Strukturen. Wir gehen davon aus, dass es allein in unserem beobachtbaren Universum Hunderte Milliarden Galaxien wie die Milchstraße gibt. Diese immense Masse hat natürlich auch eine immense Anziehungskraft. Die Gravitation müsste der Expansion des Universums eigentlich entgegenwirken und die Ausdehnung verlangsamen.

Allerdings handelt es sich bei der Gravitation um eine sehr schwache Kraft – die mit sagenhaftem Abstand schwächste aller Kräfte, die wir kennen. Gibt es im Universum also genug Material, um die Ausdehnung nicht nur leicht abzubremsen, sondern vielleicht sogar umzukehren? Das war genau die Frage, die sich die Astronomie in den späten 1990er-Jahren zu lösen anschickte. Zwei unabhängige Forschungsteams (das High-Z Supernova Search Team und das Supernova Cosmology Project) widmeten sich dem Thema und versuchten mit Beobachtungen von Supernovae, also Sternexplosionen in fernen Galaxien, die Verlangsamung der Expansionsrate zu beziffern. Die Frage war: Wie schnell wird das Universum langsamer?

Das Ergebnis der Beobachtungen war komplett unerwartet und eine große Überraschung für alle Beteiligten: Das Universum wird tatsächlich nicht schnell langsamer, sondern langsam schneller. Und das weiß man aus folgendem Grund: Die fernen Supernovae hätten eine bestimmte Helligkeit haben sollen, die wir aus Beobachtungen von näher gelegenen Sternexplosionen relativ gut kennen. Doch die tatsächlich beobachteten Supernovae waren einfach nicht hell genug. Aber nicht, dass sie es eh könnten und nur faul wären ... Es gibt keinen physikalischen Grund, warum ältere Sternexplosionen weniger hell sein sollten als jüngere Sternexplosionen. Die einzige Erklärung war, dass sie weiter weg waren als erwartet und deswegen weniger hell aussahen. Und das bedeutete, dass sich das Universum in der Zwischenzeit weiter und mehr ausgedehnt haben musste als bislang angenommen. Und in den letzten 3 Milliarden Jahren auch immer schneller. Ohne offensichtlichen Grund.

Diesen fehlenden Grund nennen wir heute Dunkle Energie. Und falls Sie sich jetzt eine Erklärung erhoffen, müssen wir Sie leider enttäuschen: Wir haben immer noch keine Ahnung, was die Dunkle Energie ist, woraus sie besteht, woher sie kommt und wie (oder ob) sie sich entwickelt. Daran hat sich seit Erscheinen unseres letzten Buches nichts geändert. Und es hat auch bis dato niemand eine gute alternative Erklärung für das Phänomen. Was vielleicht auch gar keine allzu große Überraschung ist, denn Theorien, die mit dem Adjektiv »alternativ« versehen sind, sind aus bitterer Erfahrung meist ein großer Topfen, um es euphemistisch-österreichisch zu formulieren.

Es scheint also, dass das Universum immer schneller immer größer wird, wir aber nicht wissen, wieso. Und damit ist es natürlich auch schwierig zu prognostizieren, ob das in alle Ewigkeit so weitergeht oder ob es sogar noch schneller oder vielleicht doch wieder langsamer wird. Alles steht und fällt mit möglicherweise noch unentdeckten Eigenschaften der Dunklen Energie, zum Beispiel damit, ob sie sich verändert. Es häufen sich in letzter Zeit nämlich die Indizien, dass die Dunkle Energie selbst veränderlich sein könnte. Das heißt, die Beschleunigung der Expansion könnte sich selbst im Laufe der Zeit beschleunigen – oder auch wieder etwas abbremsen. Wie kommen wir auf so eine Idee?

Erste Ergebnisse von DESI, dem Dark Energy Spectroscopic Instrument, deuten darauf hin. Dieses Instrument vermisst die Struktur des Universums anhand der Positionen und Geschwindigkeiten von Abermillionen von Galaxien über die letzten 10 Milliarden Jahre hinweg. Eine unglaubliche Schatzkiste an Daten! Der Survey ist zwar noch nicht fertig, aber die ungeduldigen Astronom:innen mussten die Schatzkiste natürlich gleich mal öffnen. Und was glauben sie dort erspäht zu haben? Dass es sich bei der Dunklen Energie doch nicht um eine Konstante handelt, sondern dass sie im Laufe der Zeit etwas schwächer geworden sein könnte. Das würde bedeuten: Die unaufhaltbare beschleunigte Expansion des Universums wäre möglicherweise gar nicht so unaufhaltbar.

Ein sensationelles Ergebnis, wenn es doch nur schon ein Ergebnis wäre. Denn leider steht die Evidenz auf statistisch noch sehr wackeligen Beinen. Wir müssen einfach noch warten, bis der ganze Datensatz da ist. Oder noch besser: bis auch die Daten von anderen Teleskopen vorliegen, die Ähnliches vorhaben – wie dem fantastischen Weltraumteleskop Euclid, das bereits zu beobachten begonnen hat und bis 2030 mehr als eine Billion Galaxien kartografiert und vermessen haben wird. Gut, aber können wir bis dahin denn gar nichts darüber sagen, was auf uns zukommt?

Doch wie so oft haben wir es in unserer beinahe allumfassenden Ignoranz dann doch geschafft, über erstaunlich viele Dinge erstaunlich gut Bescheid zu wissen. Also hier ein kurzer Abriss unserer Zukunft aus astronomischer Sicht.

In etwa 10 000 bis 100 000 Jahren werden die Sterne am Himmel auseinanderzuwandern beginnen. Jede Menge Arbeit also für die Hersteller von Planetariumsprojektoren und die Wissensvermittler:innen der Zukunft. (In der Astrologie hat man es da unvergleichlich leichter, da wird man einfach weiterhin das übliche Zeug behaupten, denn der Himmel stimmt ja längst schon nicht mehr mit dem überein, was Astrolog:innen behaupten. Was allerdings das geringste Problem am ganzen Berufsstand ist …) In etwa einer Million Jahren werden die Fußspuren der ersten Astronauten auf dem Mond verschwunden sein – falls unsere Nachfahren im Zuge der Besiedelung des Mondes nicht eine spezielle Präsentationsbox mit Schutzatmosphäre drum herumbauen. In etwa 20 bis 30 Millionen Jahren wird der Mars einen Ring bekommen, denn sein kleiner Mond Phobos wird durch die Gezeitenkräfte langsam zerbröselt werden. Und dann, in etwa 100 Millionen Jahren, sollte es endlich so weit sein, dass auch die Boulevardmedien einmal recht behalten: Der 10 Kilometer große Killerasteroid wird kommen und uns alle umbringen. Statistisch gesehen zumindest. Sollten wir es doch irgendwie schaffen, da lebendig rauszukommen, ist es aber wenig später mit Sicherheit vorbei mit uns. Wie Sie bereits wissen, wird die Sonne im Laufe ihres Lebens langsam heißer und heißer und größer und größer, bis es in spätestens einer Milliarde Jahren auf der Erde so warm ist, dass die Ozeane verdampfen. Es ist halt doch immer die Sonne, die gelbe Sau, wie sie manche verächtlich und zugleich liebevoll nennen, die uns nährt, aber im Endeffekt auch umbringt.

So weit die Meldungen aus unserem Sonnensystem. Und jetzt weiter ins Ausland, wo Sterne sterben und neue Sterne entstehen werden, so lange, bis irgendwann der ganze schöne Wasserstoff aufgebraucht oder zu weit im intergalaktischen Raum verteilt ist. Dann fehlt dem Universum der Nachwuchs, und die Galaxien altern langsam vor sich hin. Es wird aber nicht das Pensionsalter angehoben, damit das System finanzierbar bleibt, wie das bei uns immer wieder gefordert wird, vor allem von denen, die es nicht betrifft, sondern die Galaxien werden einfach dunkler und dunkler, bis irgendwann auch die letzten kleinen Sterne verglüht sind. Irgendwann in zwischen 1 oder 100 Billionen Jahren. Falls Sie sich das Datum schon vormerken wollen.

Und dann? Ist es noch lange nicht vorbei! Dann beginnt eine neue Horrorshow, die Ära der Sternleichen. Statt aus lebendigen, leuchtenden Sternen bestehen die Galaxien dann aus Schwarzen Löchern, Neutronensternen und nur noch langsam vor sich hin glimmenden Weißen Zwergen, die im Lauf der Zeit auskühlen und allmählich langsam zu immer dunkleren und schließlich Schwarzen Zwergen werden. Die Planeten, die bei den Explosionen ihrer Muttersterne übrig geblieben sind, verbleiben ebenfalls noch eine Ewigkeit in ihren Umlaufbahnen. Erst nach etwa einer Billiarde Jahren hat ein typischer Planet genug Energie verloren und stürzt in seine Sternleiche.

Ab und zu kommt es in den Galaxien aus toten Sternen noch zu einem ordentlichen Lichtblitz, wenn zwei Sternleichen miteinander verschmelzen. Aber Sie brauchen nicht mehr zu lächeln oder Ameisenscheiße zu sagen, wenn es blitzt. Abgesehen davon, dass niemand da ist, um das Foto zu schießen, gäbe es auf dem Polaroid auch nicht wirklich viel zu sehen, denn es herrscht absolute Dunkelheit. Also wir wären überbelichtet im Vordergrund von, äh, ja, nichts. Nach etwa 100 Trillionen Jahren – eine 1 mit 20 Nullen – verlieren die Zombie-Galaxien schließlich ihre Form und lösen sich langsam auf. Alles, was nicht schon vom Supermassereichen Schwarzen Loch im Zentrum aufgeräumt wurde, schwebt nun in den mittlerweile unermesslich expandierten Weltraum hinaus.

Kann es dann noch weitergehen – schließlich geht es in diesem Kapitel ja um die Unendlichkeit? Na ja. Möglicherweise zerfallen irgendwann selbst die Weißen bzw. Schwarzen Zwerge und Neutronensterne, wenn man nur lange genug wartet. Anders als Schwarze Löcher bestehen sie ja noch aus normaler Materie, Neutronen und Protonen. Aber da muss man sich schon mehr als ein verlängertes Wochenende Zeitausgleich nehmen, um das zu überprüfen. Und dann? Wir wissen zwar noch nicht, ob es so ist, aber sogar die ultrastabilen Protonen dürften sich irgendwann spontan in Energie auflösen. Mit einer Halbwertszeit von irgendwo zwischen 10^{32} und 10^{35} Jahren müssen Sie dann vermutlich mindestens den gesamten Jahresurlaub auf einmal nehmen, um beim Zerfall eines Protons dabei zu sein. Denn das dauert. Denken Sie daran, wenn Sie wieder einmal ewig in einer Telefonwarteschleife hängen und leise fluchen.

Bisher haben wir den Zerfall noch nicht beobachtet. In unserem fröhlichen, hellen und jungen Universum ist einfach noch kein Proton zerfallen. Doch wenn die Theorie stimmt, ist es in etwa 10^{43} oder 10 Septillionen Jahren so weit: Alle Nukleonen, die Kernbausteine der Materie, sind dann zerfallen. Was übrig bleibt, sind Energie – in Form von Photonen – und Schwarze Löcher. Das Ende der Materie ist der Anfang der Ära der Schwarzen Löcher. Alles bis zu diesem Moment war nur ein kurzes, leuchtendes Vorspiel zu den Äonen, in denen das Universum von Schwarzen Löchern dominiert werden wird, die nicht viel mehr tun, als ab und an mal zu kollidieren und den Weltraum zum Wackeln zu bringen.

Doch auch Schwarze Löcher müssen irgendwann gehen. Auch sie zerstrahlen im Laufe der Zeit, die diesen Namen nicht mehr verdient, langsam zu Energie: Das ist die berühmte Hawking-Strahlung. Wie der Protonenzerfall ist auch das ein hypothetischer Prozess, der so unfassbar langsam vor sich geht, dass wir ihn in unserem 14 Milliarden Jahre jungen Kinderuniversum noch lange nicht beobachten können. Und je größer das Schwarze Loch, desto länger dauert es, bis es weg ist. Wenn es die Hawking-Strahlung wirklich gibt, sollte ein Schwarzes Loch von der Masse der gesamten Milchstraße – und viel größere wird es auch nicht geben – in etwa 10^{100} Jahren verschwunden sein.

Und dann gibt es nur noch Energie. Das Universum expandiert und kühlt aus und wartet darauf, komplett zu erkalten, also überall komplett gleich zu werden. Das ist die sogenannte Dunkle Ära. Sie ahnen es vielleicht: Dunkel bedeutet in der Astronomie nicht nur kein Licht, sondern auch keine Ahnung. Für das, was dann passiert, wird es darauf ankommen, was die Dunkle Energie vorhat. Eine beschleunigte Expansionsphase, die anfängt und auch wieder aufhört, hat es ganz am Anfang des Universums schon einmal gegeben: die Inflation. Allerdings nicht die, die entsteht, wenn man Wohnraum verknappen und die Eigentümer:innen dieses Wohnraums mit Privilegien begünstigen möchte. Anders als bei der irdischen Form der Inflation wissen wir nicht, wie es zur kosmischen Variante kam oder warum sie wieder zum Erliegen kam. Daher vermutet die Wissenschaft heute: Genauso könnte es sich auch mit der Dunklen Energie irgendwann verhalten: Das Auseinandertreiben hört auf – oder eben nicht. Das Universum könnte von der immer stärker werdenden Dunklen Energie auch einfach auseinandergerissen werden – das wäre der sogenannte Big Rip. Oder eben auch nicht. Wahrscheinlich kommt es einfach ganz, ganz langsam und unspektakulär zum Kältetod des Universums – oder wie es eigentlich heißen sollte: zum Tod durch Gleichheit.

Wenn nämlich alles im Universum maximal kalt ist, bewegt sich nichts mehr, und es ist einfach alles überall gleich. Die Zeit hört damit auf zu existieren, denn ohne Veränderung ergibt auch die Zeit keinen Sinn mehr. Nichts passiert, und das für immer. Die physikalischen Gesetze verlieren ihre Bedeutung, zumindest auf der makroskopischen Ebene. Doch die Rettung vor dem Ende kommt womöglich aus der Quantenebene: Denn minimale Veränderungen durch Quantenfluktuationen sind dann die größten, aufregendsten Ereignisse und machen im Vergleich zur Gleichheit rundherum einen Riesenunterschied! In der Welt der Quantenphysik ist nichts unmöglich, nicht mal ein neuer Urknall. So könnte es tatsächlich sein, dass aus der absoluten Gleichheit heraus durch eine winzige Quantenfluktuation ein komplett neues Universum entsteht. Und dann geht alles wieder von vorne los.

Falls Sie ein wenig Spielgeld übrig haben, das Sie eine Zeit lang nicht dringend benötigen, können Sie auf einen neuen Urknall spekulieren. Kommt er nicht, ist nicht viel verloren. Kommt er doch, dann erwartet Sie eine ordentliche Rendite. Dann sind Sie endlich am Ende Ihrer Wünsche und brauchen im nächsten Universum nie wieder arbeiten.

EIN TISCH IM RESTAURANT AM ENDE DES UNIVERSUMS

Wenn das Universum in jedem Fall unendlich ist, zumal wenn es immer wieder von Neuem beginnen könnte, gibt es dann irgendetwas im All, von dem wir definitiv sagen können, dass es *nicht* unendlich ist? Denn auch wenn unser Leben endet – die Atome, aus denen wir bestehen, existieren weiter und orientieren sich bekanntlich immer wieder neu.

Anders als bei uns auf der Erde, wo rund um Wahlgänge gern Stimmung mit Grenzkontrollen gemacht wird, gibt es in unserem unendlichen Universum wenige echte Grenzen. Aber es gibt sie – und eine von ihnen ist die Lichtgeschwindigkeit. Diese harte Grenze folgt direkt aus der wahrscheinlich bekanntesten wissenschaftlichen Theorie überhaupt: aus Einsteins Relativitätstheorie. Und die hat den Ruhm auch wirklich verdient, denn sie ist eine der besten Theorien, die wir haben. Wenn nicht überhaupt die am besten überprüfte. Seit ihrer Veröffentlichung gingen aus ihr wunderbar beobachtbare Vorhersagen hervor, die vielfach bestätigt werden konnten – angefangen mit der Verschiebung der Sterne in den Plejaden durch die von der Sonne verursachte Raumkrümmung, die bei der Sonnenfinsternis 1919 beobachtet wurde, über den 1974 entdeckten

Hulse-Taylor-Doppelpulsar, der durch Gravitationswellen Energie verliert und langsamer wird, bis hin zum ultimativen Beleg 2015: dem direkten Nachweis von Gravitationswellen mit dem LIGO-Interferometer. Die Relativitätstheorie hat bis jetzt jeden erdenklichen Test mit Bravour bestanden. Und falls Sie sich jetzt denken: »Okay, aber was geht mich das an?« Nicht einmal das Navi auf Ihrem Handy würde ohne die Relativitätstheorie funktionieren. (Mit manchmal auch nicht … Daran ist dann allerdings nicht die Relativitätstheorie schuld.)

Warum aber dieses kosmische Geschwindigkeitslimit? CO_2-Sparen im luftleeren Raum wäre ein wenig übereifrig, und wie soll man denn sonst überlichtschnell mit Warp 9 durch den Weltraum fliegen? Sich die Lichtgeschwindigkeit als Geschwindigkeitsbegrenzung vorzustellen ist zwar naheliegend, doch leider ein wenig irreführend. Man kann bei der Lichtgeschwindigkeit ja auch nicht einfach 10 % schneller fahren, weil man davon ausgehen kann, dass bei der Verkehrskontrolle die Messungenauigkeit eh noch abgezogen wird.

Denken Sie bei der Lichtgeschwindigkeit eher an eine Art Budget. Raum und Zeit haben jeweils ein gewisses Kontingent in diesem Budget, das mit 299 792 458 Metern pro Sekunde begrenzt ist. Die Anteile von Raum und Zeit am Budget sind jedoch nicht fix, sondern variieren in Abhängigkeit voneinander: Nutzen wir mehr Raum, so haben wir automatisch weniger Zeit. Wenn wir stillstehen, ist unser Raum-Zeit-Budget nur mit Zeit befüllt, denn die vergeht ja sowieso. Im Stillstand bewegt man sich also nur durch die Zeit, die dann in ihrer normalen Geschwindigkeit vergeht. Man hat sozusagen alle Zeit der Welt. Wollen wir uns aber durch den Raum bewegen, müssen wir uns Raumbudget von unserem Zeitbudget ausborgen. Dann beginnt die Zeit langsamer zu vergehen. Oder anders gesagt: Je schneller man Raum zwischen sich und einen Bezugspunkt bringt, desto langsamer vergeht die Zeit.

Das Ganze funktioniert aber immer nur in Relation zwischen zwei Punkten, denn anders hat Bewegung ja auch keinen Sinn. Bewegung ist immer relativ und braucht immer einen Rahmen, ein Bezugssystem. Nehmen Sie zum Beispiel die Bewegung der Erde. Wie schnell fliegen wir durch den Weltraum? Relativ zur Sonne sind es circa 30 km/s, relativ zum Zentrum der Milchstraße etwa 220 km/s oder 800 000 km/h. Die Bewegung der Milchstraße relativ zur Andromedagalaxie beläuft sich auf etwa 120 km/s. Gemeinsam bewegen sich die beiden auch noch auf den Virgo-Galaxienhaufen zu, der sich wiederum Richtung Virgo-Superhaufen schiebt, der aber auch nicht stillsteht, sondern wie alles in unserem Lokalen Universum in Richtung des Großen Attraktors steuert. Was ist dieser Große Attraktor? Ein gigantisches Supermassereiches Schwarzes Loch vielleicht? Nein, dort gibt's nicht wirklich was zu sehen. Es handelt sich nur um den aktuellen Schwerpunkt unserer lokalen Superstruktur mit dem schönen Namen Laniakea – das is Hawaiianisch für »unermesslicher Himmel«. Alle Materie in unserer Gegend des Universums fließt in Richtung des Großen Attraktors, wie in einen riesigen Abfluss hinein. Wir bewegen uns mit etwa 600 km/s darauf zu. Das sind über 2 Millionen km/h! Und auch das ist nur die Bewegung relativ zu diesem bestimmten Punkt. Es gibt einfach keine absoluten Geschwindigkeiten – weshalb auch nirgends im Weltall Radarfallen aufgestellt werden.

Die harte Grenze der Lichtgeschwindigkeit macht alles andere relativ. Wegen der Starrköpfigkeit der Lichtgeschwindigkeit müssen Raum und Zeit flexibel und veränderlich werden. So ist auch das Vergehen der Zeit nicht nur flexibel, sondern vor allem relativ. Die Zeit für eine Astronautin in der Internationalen Raumstation zum Beispiel vergeht von uns aus betrachtet langsamer. Nach einem typischen Aufenthalt von sechs Monaten wäre sie 0,005 Sekunden weniger gealtert als wir auf der Erde. Für sie allerdings ist die Zeit ganz normal vergangen, sodass aus ihrer Perspektive wiederum wir schneller durch die Zeit gerauscht und dementsprechend ein paar Sekundenbruchteile älter sind. Das klingt nach i-Tüpferl-Reiterei, ist aber zentral für die Bedeutung der Relativitätstheorie: Es ist alles eine Frage des Bezugssystems, eine absolute Wahrheit gibt es nicht. Das soll allerdings keine Ausrede für alle Verschwörungsfans und Ingnoranti:nnen sein, die ihre Borniertheit damit bemänteln möchten. Wenn man etwa behauptet, es gäbe zur Ursache der Erderhitzung mehrere Wahrheiten, dann ist das nicht relativ und auch kein Zeichen von Meinungsvielfalt, sondern falsch und nicht selten auch gelogen.

Aber zurück ins Licht. Die einzige Art von Bewegung, die nicht relativ ist, ist Beschleunigung – denn die erfordert eine Kraft. Und echte Kräfte sind nicht relativ, hängen also nicht vom Standpunkt eines Beobachters ab. Genau darin liegt auch das Problem, wenn man die kosmische Geschwindigkeitsbegrenzung überschreiten möchte: Sosehr wir auch wollen, es geht nicht. Je mehr man sich der Lichtgeschwindigkeit annähert, desto mehr muss man sich anstrengen. Es braucht mehr und mehr Energie, um weiter zu beschleunigen. Die letzten Groschen des Zeitbudgets sind immer schwerer aus dem Raum-Zeit-Sparschwein rauszukriegen. Um auf Lichtgeschwindigkeit zu beschleunigen, bräuchte es eine unendliche Menge an Energie. Und da Energie und Masse eigentlich dasselbe sind, werden stark beschleunigte Dinge auch immer schwerer, bis sie (bei der Lichtgeschwindigkeit angelangt) auch eine unendlich große Masse hätten. Es ist also nicht nur unmöglich, schneller als das Licht zu sein. Es ist gar nicht möglich, die Lichtgeschwindigkeit überhaupt zu erreichen. Das Raum-Zeit-Budget kann nicht überzogen werden. Das Universum lässt uns keine Raum-Zeit-Schulden machen. Man könnte daher auch sagen: Es gibt im Universum zwei grundsätzlich verschiedene Arten von Dingen – solche, die sich mit Lichtgeschwindigkeit bewegen, und solche, die sie nie erreichen werden.

Und wenn Sie sich jetzt denken, boah, unfair! Dann tröstet Sie vielleicht Folgendes: Dinge, die mit Lichtgeschwindigkeit unterwegs sein können, können dafür nicht stehen bleiben. Photonen, also Lichtteilchen, fliegen mit Lichtgeschwindigkeit und sagen: Wer bremst, verliert! Sie dürfen das, weil sie keine Ruhemasse haben. Halten sie an, lösen sie sich quasi in Luft auf. Dafür vergeht für sie aber auch keine Zeit. Ist das Zeitbudget komplett ausgeschöpft und in Raumbudget umgewandelt, sind sie aus ihrer Sicht überall im Raum gleichzeitig: Everything, everywhere, all at once.

Nach unserem Loblied auf die Relativitätstheorie sollten wir jedoch auch die einzige Sache nicht verschweigen, die sie nicht kann. Tatsächlich ist sie nicht in der Lage, die Welt der winzigen Dinge zu beschreiben. Die einzige Kraft, die die Relativitätstheorie interessiert, ist die Gravitation, denn die bestimmt auf großen Skalen die Wechselwirkung zwischen Raum, Zeit und Materie. Und im Grunde ist die Gravitation ja auch gar keine Kraft, sondern einfach das, was passiert, wenn Raum und Materie zusammenkommen. Die Relativitätstheorie beschreibt, wie die Materie den Raum (und die Zeit) krümmt und wie der gekrümmte Raum die Bewegung der Materie bestimmt.

Die anderen drei Grundkräfte beschreiben, wie die Materie selbst funktioniert. Man könnte sagen, sie beschreiben, was die Welt im Innersten zusammenhält. Das ist die Welt der Quantenmechanik: die Welt der Bestandteile der Materie. Und diese Welt der kleinsten Teilchen ist eine, die uns komplett fremd ist. Es gibt in diesem Nano-Universum keine konkreten Dinge mehr, alles wird durch Wahrscheinlichkeiten beschrieben. Niemand kann sagen, wo genau etwas ist oder wie schnell es sich fortbewegt. Die Wahrheit und Wirklichkeit, die wir in der Makrowelt wahrzunehmen glauben, lösen sich hier in das unvorhersagbare Flimmern der Quantenfluktuationen auf. Und das liegt nicht etwa an der Ungenauigkeit unserer Messungen. Die Elementarteilchen, die ja im Endeffekt auch unsere Körper ausmachen, befinden sich auf der Quantenebene in einem nicht genau definierten Zustand. Die Realität tritt erst dann ein, wenn man nachsieht: Erst die Messung selbst verursacht ihr Ergebnis. Es ist wie bei dem Kinderspiel Donner-Wetter-Blitz, bei dem ein Kind mit dem Rücken zur Gruppe steht, während sich die anderen unbemerkt anschleichen müssen. Das Kind ruft »Donner-Wetter-Blitz«, und bei »Donner-Wetter« dürfen die anderen laufen – doch bei »Blitz« dreht es sich um und niemand darf sich mehr bewegen. Das ist die Messung, die das Gewurl der Quanten-Kinder dingfest macht. Aber solange niemand hinschaut, ist alles möglich.

Doch auch die wilde Welt der Quantenmechanik hat ihre Grenzen. Wir sind zwar in der Lage, genaue Messungen vorzunehmen, doch wir können – per Definition – nie alles wissen. Wir müssen uns zum Beispiel entscheiden, ob wir wissen wollen, wo genau ein Ding ist oder wie schnell es sich bewegt. Das ist das schlagende Herz der Quantenmechanik – Heisenbergs Unschärferelation. Es ist eine Orts-Geschwindigkeits-Unschärfe: Je genauer ich sagen kann, wo etwas ist, desto weniger genau weiß ich, wie schnell es sich bewegt. Die Unschärferelation ist erstaunlich einleuchtend für ein quantenmechanisches Prinzip. Denken Sie an ein Foto-Finish bei einem 100-Meter-Lauf: Anhand der Momentaufnahme lässt sich genau erkennen, wer gewonnen hat – aber man sieht keine Bewegung. Betrachtet man hingegen die Bilder einer Videoaufnahme, sieht man zwar die Bewegung, aber es ist schwer zu sagen, wer genau vorne war.

Das Prinzip ist so intuitiv einleuchtend, dass es sogar den Einzug in die humoristische Popkultur geschafft hat. Testen Sie auf der nächsten Party beim Small Talk doch einfach folgenden Witz: Heisenberg rast in seinem Porsche über die Landstraße, ein Streifenwagen jagt ihm nach und hält ihn an. Die Polizistin: »Sagen Sie, wissen Sie eigentlich, wie schnell Sie gerade gefahren sind?« Heisenberg: »Keine Ahnung, aber ich weiß genau, wo ich bin!« Der Witz birgt auch den Vorteil, dass Sie je nach mehr oder weniger durchschlagendem Erfolg recht genau wissen, mit wem Sie es auf der Party zu tun haben.

Die intuitive Anschaulichkeit gilt jedoch leider nicht im gleichen Maße für die andere, wahrscheinlich wichtigere, aber weniger bekannte Unschärferelation: die von Zeit und Energie. Was hat es jetzt damit auf sich? Je genauer man die Zeit beschreibt, desto weniger weiß man, wie viel Energie da ist. Das klingt jetzt zwar irgendwie nach Humanenergetik, aber keine Sorge, jetzt wird keine Blockade gelöst, sondern ein physikalisches Prinzip erläutert. Ein sehr grundlegendes sogar, denn es ist mit dafür verantwortlich, dass es uns überhaupt gibt. Durch die Unschärfe zwischen Zeit und Energie kommt es nämlich dazu, dass aus dem Nichts spontan jede Menge Etwas entstehen kann. Und das geht so: Für ganz, ganz kurze Zeit kann man sich von dem leeren Raum Energie ausborgen, ohne dass sie vorher da war. Kommt Ihnen irgendwie bekannt vor? Ja, die Finanzwelt scheint sich dieses quantenmechanische Prinzip zu Herzen genommen und erfolgreich in die Makrowelt übertragen zu haben. Man könnte auch sagen: Je kürzer die Zeitspanne, in der man etwas klaut, desto weniger fällt auf, dass etwas fehlt. Eigentlich ist es so, dass durch die Zeit-Energie-Unschärfe für einen ganz kurzen, genau begrenzten Zeitpunkt eben unklar ist, ob Energie da ist oder nicht. Es könnte ja sein, dass ganz kurz ganz viel Energie da ist – wer weiß. Diese Energie kann in Materie umgewandelt werden, und – plopp! – sind neue Teilchen da, wo vorher keine waren. Das Nichts ist nicht leer, wenn wir nur genau genug hinschauen, denn es entstehen die ganze Zeit Teilchen – buchstäblich – aus dem Nichts.

Auf großen Skalen bestimmt also die Gravitation, was Sache ist, während die anderen drei Kräfte weniger relevant sind. Auf ganz kleinen Skalen wird dafür die Gravitation (und mit ihr die Relativitätstheorie) eher irrelevant, und es kommt zu wilden quantenmechanischen Effekten. Die Welt der Relativitätstheorie ist zwar auch keine Kinderjause, doch es ist eine kontinuierliche Welt. Die Quantenmechanik hingegen zerstückelt die Realität in kleine Pakete, die uns bei genauerer Betrachtung durch die Finger flutschen. Gibt es aber tatsächlich gar keinen Schnittpunkt zwischen den beiden großen Theorien des 20. Jahrhunderts?

Doch, sonst würden wir ja nicht so fragen, da haben Sie völlig recht. Die beiden treffen sich am Anfang von Raum und Zeit, der Ursprungs-Singularität, die wir gemeinhin Urknall nennen – obwohl die Urknall-Theorie ja nur das beschreibt, was nach dem Anfangsmoment kommt. Sie treffen sich auch in den kleineren, mittlerweile im Universum verteilten Singularitäten, in den wohl abstrusesten astronomischen Objekten: den Schwarzen Löchern. Eine Singularität ist ein Ort, an dem so viel Masse konzentriert ist, dass der Raum unendlich stark gekrümmt ist. Die konzentrierte Masse reißt quasi ein unendlich tiefes Loch in die Raumzeit. Der betreffende Ort selbst fällt durch dieses Loch ohne Ende aus unserem Universum heraus.

Denn das ist das Problem: Es gibt keine Theorie, die an der Grenze zwischen Relativitätstheorie und Quantenmechanik das Ruder übernehmen und die Dinge beschreiben könnte, für die *beide* Theorien relevant wären. Diese heiß begehrte Kombi-Theorie wurde zwar bisher noch nicht gefunden, hat aber schon einen Namen: Es ist die Quantengravitation.

Ohne eine funktionierende Theorie der Quantengravitation sind Singularitäten für uns unerforschbar, da sie das Ende unserer momentan bekannten Naturgesetze darstellen. Wir kommen mit unserem jetzigen Verständnis der Physik nicht einmal ganz an die Singularität heran, sondern müssen an den Grenzen der Quantenmechanik stehen bleiben: Unsere Physik gilt nur bis zur winzigen Plancklänge beziehungsweise bis zur Planckzeit, quasi den kleinsten Einheiten von Raum und Zeit, die wir mit der Quantentheorie beschreiben können. Mit der Plancklänge haben wir uns schon kurz beschäftigt, als wir das Ende an sich besprochen haben, falls Sie sich erinnern. Falls nicht, falls Sie – Obacht! – blank sind, können Sie von uns aus gern noch einmal zum Kapitel »Das Ende« zurückblättern. Wenn Sie sich allerdings noch kurz Zeit nehmen, wären Sie davor mit dem Kapitel hier fertig. Es ist nicht mehr lang, wir wollten nur noch sagen: Diese Grenzen der Quantenmechanik sind die Einheiten von Raum und Zeit, an denen die Effekte der Relativitätstheorie genauso relevant werden wie die Effekte, die mit der Quantenmechanik beschrieben werden. Und um die beiden zu vereinen, haben wir noch nicht die richtigen Werkzeuge. Der Schnittpunkt der Relativitätstheorie und der Quantenmechanik bildet also das Ende der Physik selbst, zumindest so, wie wir sie kennen. Es scheint, als hätten die beiden einen Tisch im Restaurant am Ende des Universums reserviert, allerdings ohne uns. Sollten wir allerdings irgendwann in der Lage sein, ihre Bestellung aufzunehmen, dann erfahren Sie es bei uns zuerst.

WIE MAN UNSTERBLICH WIRD

Nichts im Leben ist umsonst, außer der Tod, und selbst der kostet das Leben. Was der Volksmund so blumig formuliert rund ums Ende des Lebens, stimmt zwar irgendwie. Aber wie so oft hat der Volksmund natürlich auch dabei nur so lange recht, wie man es nicht genau wissen will. Denn das ewige Leben, von dem so viele träumen, wenn auch erst in einem wie auch immer möblierten Jenseits, könnte auch im Diesseits schon möglich sein. Ob man sich danach genauso sehnen sollte … na ja, lesen Sie selbst.

Beim Tod spricht man eigentlich selten in Abstufungen. Kaum jemand behauptet, er sei »ein bisschen tot«, außer vielleicht ironisch am Morgen nach einer alkoholischen Ausschweifung. Und dass Person A »ein Stück toter« sei als Person B, das wird noch seltener konstatiert. Oder »besser tot«. Letzteres hört man höchstens vielleicht mal nach Begräbnissen, wenn sich ehrgeizige Hinterbliebene benehmen wie beim Autoquartett und mehr Leute in der Trauergemeinde gezählt haben wollen als bei anderen Beerdigungen weniger populärer Verblichener, wenn schöner geweint wurde am offenen Grab, teurere Kranzspenden abgelegt worden sind und die Liste an Grabredner:innen länger war als bei der Konkurrenz. Wenigstens kann man so irgendwie »besser tot« sein, wenn »am totesten« schon nicht geht.

Da stellt sich allerdings dann wirklich die Frage, ab wann ein Mensch überhaupt als tot gilt – in der Medizin seit Langem ein umstrittenes Thema. Vermutlich rangiert es bis heute unter den Top-5-Small-Talk-Themen bei Weihnachtsfeiern. Zumindest in der Pathologie. Als Minimalkonsens gilt: Der Todeszeitpunkt ist jener Moment, der von einer Ärztin oder einem Arzt festgestellt und im Totenschein eingetragen wird. Was jedoch als ultimatives Todeskriterium dient, ist weniger eindeutig, weshalb man sich pragmatisch auf drei verschiedene Definitionen geeinigt hat.

Der klinische Tod tritt mit dem Stillstand von Atmung und Herzschlag ein. Aus heutiger Sicht gilt das allerdings nicht mehr als »richtiger« Tod, denn durch rechtzeitige Wiederbelebungsmaßnahmen lässt es sich danach oft noch viele Jahre weiterleben. Verlässlicher ist da der Hirntod: Er liegt vor, wenn sämtliche Hirnfunktionen irreversibel ausgefallen sind. Die meisten sind sich einig, dass man mit Betroffenen ab diesem Moment keine Termine mehr vereinbaren sollte. Oder deren dritte Präsidentschaft planen, aber da gehen die Meinungen auseinander.

Ganz tot sind Sie allerdings auch dann nicht notwendigerweise. Medizinische Geräte können Herz-Kreislauf- und Lungenfunktionen oft über lange Zeit aufrechterhalten. So wichtig uns das Gehirn erscheint, aus biologischer Sicht ist auch bei seinem Totalausfall der Großteil des Organismus noch quicklebendig.

Spätestens aber bei der dritten Definition dürften sich Biologen und Medizinerinnen einig sein: Das wäre dann der biologische Tod. Er tritt ein, wenn alle Organ- und Zellfunktionen endgültig erloschen sind. Ein Zustand, aus dem bestenfalls diverse Heilande laut mäßig belegten Fallstudien den Weg zurück ins Leben fanden.

Vom klinischen über den Hirntod bis zum endgültigen biologischen Tod kann jedoch einiges an Zeit vergehen – denn unsere Körperzellen sprechen sich beim Sterben nicht ordentlich ab. Manche legen früher los, andere sind eher Nachzügler. Doch sobald die Sauerstoffzufuhr ausbleibt, läuft für alle Zellen der Countdown. Die Neuronen des Gehirns sind besonders heikel, sie benötigen permanente Sauerstoffzufuhr und sterben bereits, wenige Minuten nachdem die Lieferung ausbleibt. Muskelzellen hingegen haben Energiereserven und reagieren oft noch Stunden nach dem offiziellen Tod auf Reize. Rekordhalter sind allerdings bestimmte Muskel-Stammzellen, die sich in einem Dauerzustand mit extrem reduziertem Stoffwechsel befinden. In gekühlten Leichen konnte man nachweisen, dass diese Zellen noch 17 Tage nach dem Tod lebens- und teilungsfähig waren.

Aber danach ist es mit dem Leben laut allen Definitionen vorbei. Mit dem biologischen Tod tritt ein Zustand ein, bei dem selbst die akribischsten i-Tüpfelchen-Reiter keinen Spielraum mehr sehen, in dem sich glaubhaft abstreiten ließe, dass es nun endgültig vorbei ist. Seit es Menschen gibt, endete das Leben jedes einzelnen von ihnen mit genau diesem biologischen Tod – dem Absterben der letzten Körperzelle. Bis 1920 in den USA Henrietta Lacks geboren wurde – der erste Mensch, bei dem dieser biologische Endpunkt nie eingetreten ist.

Als Lacks 30 Jahre alt war, wurde bei ihr ein Zervixkarzinom festgestellt. Auch heute ist Gebärmutterhalskrebs noch eine schlimme Diagnose, aber die Heilungschancen stehen, je nachdem, wie früh er entdeckt wird, nicht schlecht. Henrietta Lacks hatte leider kein Glück. Zum einen waren Vorsorgeuntersuchungen Ende der 1940er- und Anfang der 1950er-Jahre noch deutlich weniger üblich. Zum anderen wurden Afroamerikaner:innen wie Lacks nur in wenigen Spitälern überhaupt behandelt. Als ihr Krebs diagnostiziert wurde, war es schon zu spät. Zwar konnte sie noch eine Bestrahlungstherapie beginnen, starb aber bereits acht Monate nach der Diagnose.

Im Rahmen einer der Bestrahlungssitzungen entnahm man ihr Gewebeproben aus dem Gebärmutterhals und reichte sie an den Zellbiologen George Otto Gey weiter, der an einer sogenannten unsterblichen Zelllinie arbeitete. Während Unsterblichkeit in Fantasyfilmen, mythologischen Epen und Heiligen Schriften gemeinhin als die Domäne von Göttern, außerirdischen Superhelden oder Messias-Figuren verstanden wird, ist sie in der Zellbiologie ein rein weltliches Bestreben. Denn um mit Zellen im Labor vernünftig arbeiten zu können, sollten sie sich teilen können. Das tun sie auch – aber meistens nur 30 bis 50 Mal, bevor sie ihre Funktion einstellen oder absterben. Das ist mühsam, denn es bedeutet, dass man Zellen immer frisch von Patient:innen entnehmen muss, und sobald man sie charakterisiert und ausreichend vermehrt hat, um mit ihnen arbeiten zu können, sterben die Dinger weg, und man kann von vorne anfangen.

Die maximale Anzahl an Zellteilungen nennt man Hayflick-Grenze – nach dem US-Altersforscher Leonard Hayflick, der in den 1960er-Jahren als Erster nachgewiesen hat, dass sich menschliche Zellen nicht unendlich oft teilen können. Bis dahin war man der Meinung: Klar, Menschen sterben irgendwann – aber ihre Zellen könnten fröhlich weiterwachsen, solange man sie brav füttert. Besonders überzeugt von dieser Idee war der Chirurg und Nobelpreisträger Alexis Carrel. Der war sich nicht nur sicher, dass Zellen von Wirbeltieren unsterblich sind – er behauptete sogar, das bewiesen zu haben. Wer ihm das nicht glaubte, war für ihn einfach ein Schlampianer im Labor.

Zu seiner Schlussfolgerung kam er aufgrund eines Versuches mit Hühner-Fibroblasten, also Zellen des Bindegewebes. Carrel gab an, Fibroblasten aus Hühnerherzen kultiviert und die Zellkultur über 34 Jahre hinweg am Leben erhalten zu haben. Und das, obwohl ein Huhn als Ganzes normalerweise nach spätestens zehn Jahren den Löffel abgibt.

Andere Wissenschaftler konnten Carrels Ergebnisse jedoch nicht reproduzieren. Heute vermutet man, dass er beim »Füttern« seiner Zellen aus Versehen (oder mit voller Absicht) immer wieder frische Zellen dazugab ... Aber Hauptsache, anderen vorwerfen, unsauber zu arbeiten. Warum es genau zu dem falschen Ergebnis kam, weiß man allerdings bis heute nicht.

Hayflick hatte so oder so begonnen, an Carrels Aussagen zu zweifeln, und wollte beweisen, dass das beobachtete Ende der Zellvermehrung nicht auf Pfusch im Labor zurückzuführen ist, sondern auf ein biologisches Limit. Um das zu testen, hat er sich was Gutes einfallen lassen: Er mischte männliche Fibroblasten, die sich schon oft geteilt hatten, mit frischen weiblichen Zellen, die weniger Zellteilungen hinter sich hatten. Nach 20 Zellteilungen waren nur noch die weiblichen übrig – da die männlichen ihr Teilungslimit deutlich früher erreicht hatten und längst Feierabend machten. Ein bisschen wie bei uns Menschen als Ganzen, wo ja Frauen auch mit mehr Lebenserwartung rechnen dürfen, allerdings ohne später zu starten.

Anders als bei Carrel konnten Hayflicks Experimente von anderen Forschenden bestätigt werden. Und so wurde aus seiner Entdeckung eine wissenschaftlich saubere Erkenntnis: die Hayflick-Grenze – ein mittlerweile fest etablierter Begriff in der Zellbiologie.

Heute wissen wir, dass sich diese Teilungsgrenze daraus ergibt, dass unsere DNA bei der Zellteilung in Chromosomen organisiert wird. Meist X-förmig, es sei denn, man ist männlich, dann hat sich nämlich auch ein Y-förmiges Chromosom eingeschlichen. An den Enden dieser Chromosomen befinden sich die sogenannten Telomere. Dabei handelt es sich um DNA-Sequenzen mit der Buchstabenfolge TTAGGG, die sich mehr als 1000-fach wiederholen und somit insgesamt etwa 10 000 Buchstaben lang sind. Falls Sie sich nicht mehr an den Biologieunterricht erinnern können und die Bausteine der Nukleinsäuren, die unser Erbmaterial enthalten, so haben Sie vielleicht den Film *GATTACA* noch im Kopf. Da spielen Thymin, Adenin, Guanin und Cytosin auch eine entscheidende Rolle. Und nimmt man die Anfangsbuchstaben der ersten drei, so kann man sich TTAGGG basteln. Und falls Sie beides nicht gekannt haben, wissen Sie jetzt immerhin, um welche Buchstaben es bei den Telomeren geht, den Enden unserer Chromosomen. Die bilden so eine Art Schlaufe, die verhindert, dass die Enden des DNA-Fadens einfach lose herumhängen. Die Zelle würde ein offenes Ende nämlich als DNA-Schaden interpretieren und ständig versuchen, sie zu reparieren, obwohl eigentlich eh alles paletti ist. Ein bisschen so, wie wenn Sie mit kurzen Ärmeln im Wohnzimmer herumsitzen, das wer anderer mit wärmerer Bekleidung für mangelhaft geheizt hält. Dann werden Sie auch ununterbrochen gefragt, ob Ihnen nicht zu kalt sei. Und wenn Sie antworten: »Doch, aber ich hab auf die Frage gewartet«, verbessern Sie die Sachlage nur unwesentlich. Bis Sie irgendwann doch auch zumindest eine dünne Weste anlegen, um des lieben Friedens willen. In ähnlicher Weise brauchen wir die Telomere für die Stabilität der Chromosomen.

Das Problem bei den Telomeren: Die zelleigene DNA-Kopiermaschine hat Schwierigkeiten, an diesen Enden anzusetzen. Mit jeder Zellteilung verkürzen sich die Telomere deshalb um etwa 100 Buchstaben. Also gehen viele T und A und G verloren. Schrumpft ihre Länge unter einen kritischen Wert – beim Menschen liegt der je nach Zelltyp bei etwa 4000 Buchstaben –, werden die Telomere (oder das, was von ihnen übrig ist) von der Zelle wie ein gebrochener DNA-Strang beamtshandelt.

Um keine fehlerhafte DNA weiterzugeben, hat die Zelle nun zwei Möglichkeiten. Entweder sie stürzt sich in den programmierten Zelltod, genannt Apoptose, oder sie begibt sich dauerhaft in einen Ruhezustand, der als Seneszenz bezeichnet wird. Beides keine guten Voraussetzungen, um im Labor damit arbeiten zu können. Weder für die Laborant:innen, noch für die Zellkultur.

Nicht alle Zellen leiden jedoch unter diesem Problem. Stammzellen zum Beispiel aktivieren ein Enzym namens Telomerase, das in der Lage ist, die verloren gegangenen Telomer-Zipfel nach jeder Zellteilung wiederherzustellen. Sie sind demnach unbegrenzt teilungsfähig, was Zellbiolog:innen schon reicht, um von Unsterblichkeit zu sprechen. Aber so wichtig Stammzellen im Körper auch sind, als unbegrenzt teilungsfähige Zelllinie sind sie nicht einmal mittelhilfreich, weil Stammzellen in der Zellkultur nicht lange Stammzellen bleiben. Schon der geringste Stress, etwa Temperaturänderungen oder mechanische Belastungen wie das Abkratzen vom Boden der Zellkulturplatte, führt dazu, dass sie keine Lust mehr haben auf ihr Stammzellen-Dasein. Sie differenzieren sich zu Körperzellen, und dann geht das mit der Hayflick-Grenze erst recht wieder los.

Es gibt jedoch eine weitere Art unbegrenzt teilungsfähiger Zellen, deren Image zwar deutlich weniger rosig ist als das der Stammzellen, die für die Forschung jedoch kein bisschen weniger wertvoll sind: Krebszellen. Eines ihrer wichtigsten Kennzeichen ist ihre unbegrenzte Teilungsfähigkeit. Sonst müsste man sich bei Tumorerkrankungen nur ein paar Wochen entspannt zurücklehnen und warten, bis die Hayflick-Grenze erreicht ist. Aber ähnlich wie Stammzellen aktivieren auch Tumorzellen die Telomerase, wodurch sie die Hayflick-Grenze geschickt außer Kraft setzen. Im Körper ist das äußerst problematisch, da es den Krebszellen ermöglicht, sich uneingeschränkt auszubreiten. Im Labor ist es jedoch genau das, was man haben möchte, um menschliche Zellen beliebig lange in der Zellkultur am Leben zu halten.

Die Zellen, die George Otto Gey aus dem Tumorgewebe von Henrietta Lacks isoliert hat, wiesen viele Eigenschaften auf, die man sich in der Forschung von einer guten Zelllinie wünscht. Sie teilten sich nicht bloß besonders schnell, sondern vor allem unbegrenzt oft. Alle vorherigen Versuche, eine unsterbliche menschliche Zelllinie zu etablieren, waren bisher, wie gesagt, nach 30 bis 50 Zellteilungen gescheitert. Gey erkannte ihr Potenzial für die Zellbiologie, und in einem halbherzigen Versuch der Anonymisierung benannte er die Zelllinie nach den Initialen von Henrietta Lacks: HeLa-Zellen – einer der Gründe, warum wir den Ursprung der Zelllinie heute überhaupt kennen. Die HeLa-Zellen stellten sich als so nützlich heraus, dass 1952, also bereits ein Jahr nach der Gewebeentnahme von Henrietta Lacks, am Tuskegee Institute eine Abteilung zur Massenproduktion von HeLa-Zellen gegründet wurde, das fortan eine Vielzahl an Laboren belieferte.

Für die Forschung eröffneten die HeLa-Zellen zahlreiche neue Möglichkeiten. Bis heute erforscht man damit biologische Fragestellungen auf den unterschiedlichsten Gebieten. Viele wichtige Erkenntnisse in Bereichen wie der Krebs- oder Aids-Forschung, bei Strahlenschäden oder Vergiftungen wurden mit ihrer Hilfe gewonnen. Sie ermöglichten allerhand medizinische Durchbrüche, etwa die Entwicklung des ersten Polio-Impfstoffs. In der Fachliteratur finden sich über 100 000 wissenschaftliche Arbeiten, die an HeLa-Zellen durchgeführt wurden, von denen vier sogar zu Nobelpreisen führten.

Henrietta Lacks selbst wusste von alldem nichts – und hätte es auch nicht vorausahnen können. Der Gedanke, dass man Patient:innen um Erlaubnis fragen könnte, ehe man ihre Zellen für die Forschung verwendet, hatte sich damals noch nicht in vielen Köpfen breitgemacht. Selbst ihre Angehörigen und Nachkommen wussten über Jahrzehnte nicht, dass aus dem Tumorgewebe, das Lacks entnommen worden war, eine Zelllinie entstand, die weltweit wissenschaftlich genutzt und kommerziell vermarktet wird. Dementsprechend hatten sie auch wenig von den Millionen Dollar an Umsatz, der damit jährlich bis heute erzielt wird. In Zahlen: 0 Dollar.

Aber jenseits dieser Ungerechtigkeit und dieses wissenschaftlichen Tumults gibt es eine weitere spektakuläre Konsequenz der

HeLa-Zellen: Sie machten Henrietta Lacks zum ersten Menschen, bei dem der biologische Tod, also der Moment, an dem die letzte Zelle des Körpers ihre Funktion einstellt, nie vollständig eingetreten ist. Heute, mehr als 100 Jahre nach ihrer Geburt, gibt es auf der Welt mehr Körperzellen, die die DNA von Henrietta Lacks enthalten, als zu ihren Lebzeiten.

Wie viele dieser Zellen in den letzten 100 Jahren existierten, lässt sich schwer abschätzen, aber als die WHO im Oktober 2021 eine Zeremonie zu Ehren von Henrietta Lacks abhielt, war von etwa 50 Millionen Tonnen an HeLa-Zellen die Rede, die bislang produziert und erforscht wurden. Eine Biomasse, an die kein anderer Mensch auch nur ansatzweise herankommt. Und ein Ende der Zellteilung ist nicht abzusehen. Henrietta Lacks wurde nur 31 Jahre alt, ihre Zellen hingegen gelten als unsterblich. Sie selbst hatte leider nichts davon. Vielleicht hätte sie es aber zumindest gut gefunden, dass mithilfe ihrer Zellen das Lebensende unzähliger anderer Menschen hinausgezögert werden konnte.

Wenn auch nicht in alle Ewigkeit. Das können Chemikalien besser.

IN EWIGKEIT STRAHLUNG

Dass wir Menschen eigentlich unendlich leben, weil die Atome, aus denen wir bestehen, nach unserem Tod nicht aufhören zu existieren, ist vielleicht eine kuriose Mitteilung. Und die Berichterstattung über die Anzahl der Jesus-Atome in uns allen war eine der Lieblingsnummern von Heinz Oberhummer. Denn die Atome, aus denen wir bestehen, verteilen sich nach unserem Ableben erst in der Biosphäre, vor allem in der Luft über dem Ort, an dem der Leichnam beerdigt oder verbrannt worden ist, und schließlich in der Atmosphäre der ganzen Erde. Wie das vonstattengeht, haben wir in unserem letzten Buch besprochen. Kurz gesagt befinden sich in jedem heute lebenden Menschen im Mittel mehr als 20 Millionen Atome von Jesus Christus. Sollten also zwei oder drei in seinem Namen zusammenkommen und er sich dazugesellen, sind das schon fast 100 Millionen. Ihre Überreste machen also nach Ihrem Tod vermutlich deutlich längere Reisen als Sie zu Lebzeiten. Dass die Überreste dessen, was die Menschheit mit anderen Atomen anstellt, aber auch kein absehbares Ende kennen, ist keine ganz so harmlose und unterhaltsame Nachricht. Denn egal wie lang wir Menschen durchhalten als Spezies, der Müll, den wir produzieren, wird uns alle überdauern.

Lange Zeit waren wir Menschen in unserer Geschichte hauptsächlich mit dem schieren Überleben beschäftigt. Irgendwann jedoch war ein Punkt erreicht, an dem wir uns zum ersten Mal nicht mehr hauptsächlich darauf konzentrieren mussten, an Dinge heranzukommen, etwa an Rohstoffe für Häuser und Kleidung, sondern darauf, wie wir die Reste davon, die Abfälle, die bei ihrer Produktion angefallen waren, wieder loswerden. Immerhin waren wir bei der Abfallentsorgung ziemlich erfinderisch. Das erste zentrale Abwassersystem im antiken Rom, die Cloaca Maxima, ist aus heutiger Sicht vor allem auch architektonisch beachtenswert.

Heute brauchen wir allerdings ganz andere Müllentsorgungskonzepte. Nicht zuletzt die immer größeren Entwicklungsschritte in der Chemie und ihre Massenanwendung im kommerziellen Alltag haben die Abfallprobleme der Menschheit immer größer werden lassen – auch wenn sie lange Zeit kleingeredet wurden, nicht selten durch die Verursacher selbst, ähnlich wie noch vor wenigen Jahrzehnten die Tabakindustrie die schädliche Wirkung des Rauchens öffentlichkeitswirksam in Abrede stellte. Es ist eben nach wie vor ein beliebtes Geschäftsmodell, Gewinne zu privatisieren, Kosten aber auf die Allgemeinheit abzuwälzen …

Wir kennen heute viele Technologien, die als vielversprechende Innovationen begonnen haben, aber inzwischen als problematisch oder gar schädlich gelten. Bösartigkeit und Geldgier waren allerdings sicherlich nicht der Hauptantrieb hinter deren Entwicklung. In den allermeisten Fällen war es das erklärte Ziel, den Menschen durch technologischen Fortschritt das Leben zu erleichtern. Okay, das gilt für industriell gefertigte Zigaretten vermutlich weniger als für andere, ursprünglich tatsächlich nützliche Dinge. Thomas Midgley etwa, ein als Chemiker arbeitender Maschinenbauer bei General Motors, könnte ein Lied davon singen. Denn er hatte bei der Entwicklung von FCKW nichts Schlimmes im Sinn – im Gegenteil.

Diese als Fluor-Chlor-Kohlenwasserstoffe zu trauriger Berühmtheit gelangte Verbindung hatte ursprünglich unzweifelhaft enorme Vorteile. 1929 wurden die ersten gasförmigen Substanzen aus dieser Stoffklasse als Kühlmittel für Kühlschränke eingeführt. Freone nennt man sie in der Chemie, falls Sie es genauer wissen möchten. Sie waren ungiftig und unbrennbar, also im Alltag deutlich besser einsetzbar als die bis dahin verwendeten Substanzen. Als Treibgas für Spraydosen aller Art, als Kühlmittel für viele Kältemaschinen und zum Aufschäumen von Schaumstoffen waren FCKW bis in die 1970er-Jahre kaum aus unserem Leben wegzudenken.

Ihre enorme chemische Stabilität, die zunächst eine so vielversprechende Eigenschaft zu sein schien, entpuppte sich dann jedoch als ihre größte Schwachstelle. Denn als leichte Gase sind sie in die obersten Schichten der Atmosphäre aufgestiegen. Und erst relativ spät hat man verstanden, dass sie in Erdnähe zwar nahezu unzerstörbar sind, in mehreren Kilometern Höhe durch die UV-Strahlung der Sonne allerdings doch zerlegt werden – mit der bekannten Folge, dass sie dort die Ozonschicht zu zersetzen begannen. Das war natürlich eine sehr schlechte Nachricht. Nicht nur für die Hersteller von FCKW, sondern für alle Menschen, denn die Ozonschicht schützt uns bekanntlich vor der UV-Strahlung. Ohne diese Schutzschicht sind Zellschädigungen aller Art auf der ganzen Welt unvermeidbar.

Und so haben wir Menschen etwas gemacht, was uns nicht oft gelungen ist in unserer Geschichte – nämlich gemeinsam und nachhaltig einen Fehler korrigiert. Ja, da staunen Sie als Zeitgenoss:innen des 21. Jahrhunderts, wo man sich angesichts der Zahnlosigkeit von Klimaschutzabkommen eher einer zu großen Zahl an Menschen gegenübersieht, die zu denken scheinen, nur weil etwas schlecht ist, muss man es ja noch lange nicht bleiben lassen. Vor 40 Jahren war es aber einmal anders. In einem bisher einzigartigen globalen Kraftakt wurde die Verwendung der FCKW mit dem Montrealer Protokoll 1987 bzw. dem Wiener Übereinkommen zum Schutz der Ozonschicht 1989 massiv eingeschränkt. Es ist das bislang einzige Vertragswerk, das von allen Staaten der Welt ratifiziert worden ist. Und wahrscheinlich sind wir so stolz auf diese Errungenschaft, dass wir seine Einmaligkeit nicht durch weitere sinnvolle Übereinkommen schwächen möchten …

Ersetzt worden sind FCKW übrigens durch FKW. Denn Kühlmittel oder Treibgase brauchen wir ja weiterhin für unseren modernen Lebensstil. Nur ein Buchstabe weniger, und schon war alles gut? Ja und nein. Fluorkohlenwasserstoffe haben nämlich auch ihre Tücken, weshalb das Montreal-Protokoll ergänzt werden musste. Durch das Kigali-Abkommen. Kigali steht aber nicht für Killer-Gas-Loswerden, sondern so heißt Ruandas Hauptstadt. Nicht überall ist man so akronymwütig wie in der Astronomie.

Das Verbot von FCKW war übrigens eine noch bessere Idee, als wir seinerzeit geahnt haben. Denn FCKW können nicht nur Ozon hervorragend ruinieren, sondern sind auch extrem starke Treibhausgase. Wären sie weiter in Gebrauch geblieben, dann hätten sie bis zum Jahr 2100 für einen Anstieg der globalen Temperatur um 2,5 °C gesorgt. Diese 2,5 Grad hätten sie quasi aus mehreren Richtungen zusammengestoppelt: Als Treibhausgase allein hätten sie die Temperatur um rund 1,7 °C erhöht. Da sie aber gleichzeitig auch die Ozonschicht zerlegt hätten, wäre zudem weniger Kohlenstoff gebunden worden, weil das zusätzliche UV-Licht das Pflanzenwachstum massiv eingeschränkt hätte. Der Kohlenstoff wäre als CO_2 in der Atmosphäre geblieben, und wir hätten durch diesen Effekt noch einmal knapp 1 °C Temperaturanstieg fabriziert. FCKW hätten also das 1,5-Grad-Ziel des Pariser Klimaabkommens locker im Alleingang begraben. Ohne dass wir es bemerkt hätten. Denn ihre enorme Treibhausgas-Wirkung ist erst nach ihrem Verbot entdeckt worden.

Was ist nun in Kigali durch die FKW besser geworden? Fluorkohlenwasserstoffe tun dem Ozonloch zwar nichts und funktionieren auch sehr gut als Kältemittel. Das macht sie uns sympathisch. Aber FKW sind leider ebenfalls sehr wirksame Treibhausgase. Das haben wir wiederum nicht so gern. In ihrer Stoffklasse finden sich Exemplare, deren Treibhausgas-Wirkung deutlich höher liegt als die von CO_2. (Da hat CO_2 fast ein bisschen Pech gehabt, dass es als Erstes die Arschkarte gezogen hat. Aber davon produzieren wir eben am meisten, deshalb ist es am ehesten aufgefallen ...) Mit Trifluormethan haben die FKW ein Molekül zu bieten, das in der Atmosphäre so stark wirkt wie 14 800 Moleküle CO_2. Wäre es ein Sonderangebot, man müsste zuschlagen. Oder Hexafluorethan, ein weiterer Stoff dieser Gruppe, der mehr als 9000-mal stärker als CO_2 wirkt und bis zu 10 000 Jahre in der Atmosphäre verbleibt! Deswegen war es wichtig, dass man sich in Kigali noch einmal zusammengesetzt und eine Reduktion auch dieser Stoffe beschlossen hat. Und beschlossen ist beschlossen und wird auch nicht vergossen, also vergessen? Das kann man nur hoffen. Denn längst sind die Spitzen in Politik und Wirtschaft nicht mehr so vernünftig, dass sie die Zukunft der Zivilisation vor ihre Profitinteressen stellen, wie es damals noch der Fall war, als es um den Schutz der Ozonschicht ging.

Aber das war auch die einfachere Aufgabe, das muss man einräumen. Denn die Ozon-Krise war eine Krise, wie wir sie mögen: Ursache – Wirkung – Maßnahme – Lösung. Nicht wie bei der Klimakrise: Ursache – sehr, sehr langsame Wirkung – deshalb lange Zeit leugnen – und Maßnahmen, wenn überhaupt, erst dann, wenn es zu spät ist. Nicht dass die Klimawende die Menschen grundsätzlich intellektuell überfordern würde, denn schwer zu verstehen ist auch dieser Mechanismus nicht. Aber Klimaschutz steht bei vielen Leuten so hoch auf der Prioritätenliste wie Vorsorgeuntersuchungen. Und die Diskussion darüber findet, auch auf Regierungsebene, nach wie vor nicht selten auf dem Niveau eines nicht besonders gelungenen Witzes aus dem 20. Jahrhundert statt, als man damit begann, in der Öffentlichkeit über Vorsorgeuntersuchungen aufzuklären. Er geht so: »Wer heute keine Krankheit hat, ist nicht gesund, sondern nur nicht gründlich genug untersucht.« Und so kann man weder Altersbeschwerden, die langsam und oft unbemerkt anschleichen, noch der Klimakatastrophe sinnvoll etwas entgegensetzen.

Für FCKW und FKW gibt es immerhin schon ein Abkommen. Davon kann eine andere Stoffklasse nur träumen: Per- und Polyfluoralkylsubstanzen. Kennen Sie nicht? Kennen Sie doch. Wetten? Vielleicht nicht unter ihrem Akronymnamen – PFAS. Aber unter ihrem Vulgonamen »Ewigkeitschemikalien« haben Sie bestimmt schon mal davon gehört. Sehen Sie, haben wir's doch gewusst.

Die PFAS umfassen mehrere Tausend bis mehrere Millionen Einzelverbindungen, bei denen zumindest an einem Kohlenstoffatom des Molekülgerüsts die Wasserstoffatome durch Fluoratome ersetzt sind. Dadurch eignen sie sich überall dort besonders für den Einsatz, wo wasserabweisende oder ölabweisende Eigenschaften gefragt sind. Das machen sie auch sehr gut. Leider sind alle diese Verbindungen enorm stabil und biologisch sehr schwer abbaubar – daher auch der Name Ewigkeitschemikalien. In den Ohren mancher mag das biblischer und damit versöhnlicher klingen, als wenn man »Unendlichkeitschemikalie« sagen würde, was aber eigentlich präziser wäre. Denn der Begriff »ewig« ist in unserer Alltagssprache so aufgeweicht, dass er auch die 30-minütige Verspätung der Straßenbahn meinen kann, und dann wäre eine halbe Ewigkeit nur 15 Minuten lang, also im Vergleich zur Haltbarkeit von PFAS nicht einmal der Rede wert.

Gemessen daran, wie lange sie uns in der Umwelt erhalten bleiben, ob wir wollen oder nicht, gibt es diese Chemikalien erst sehr kurz. Der erste Vertreter der Stoffklasse wurde Ende der 1930er-Jahre in den USA hergestellt – durch Entfernung des Chlors aus den gerade erst neu entdeckten FCKW mithilfe von Zink. Sie sehen, in der Zeit war die Chemie sehr innovativ. Was uns großteils noch heute zugutekommt, denn unser Alltag wäre ohne moderne Chemie undenkbar. Auch wenn Chemie im Fernsehen und in volkstümlichen Vorstellungen immer mit Laborkittel stattfindet, mit einem Bunsenbrenner, über dem ein Erlenmeyerkolben raucht, und nicht selten stehen dem gut gelaunten Chemiker die Haare zu Berge, weil ihm die Suppe explodiert ist – moderne Chemie schaut ganz anders aus und spielt sich in winzigen Dimensionen ab. Ohne Nanochemie würde kein Handy funktionieren und kein Satellit. Wenn also irgendwelche Schlaumeier:innen mit ihrem Mobiltelefon in irgendwelchen Whatsapp-Gruppen ein Meme teilen, dass sie gern keine Chemie im Alltag hätten, dann sind dabei schon sehr viele Kriterien für umfangreiche Ignoranz erfüllt. Diese Art von Mangelschläue hat mit PFAS vermutlich zumindest die Unendlichkeit gemein.

Durch die Entfernung von Chlor aus den FCKW ist übrigens auch ein Stoff entstanden, dessen Handelsname extrem populär wurde, nämlich Teflon. Seinen ersten und noch geheimen Einsatz feierte es im Rahmen des legendären Manhattan-Projekts. Dass dabei die Atombombe entwickelt und serienreif gemacht wurde, ist seit dem Film *Oppenheimer* wieder deutlich mehr Menschen bekannt. Bei der Bombenentwicklung stand die Korrosionsbeständigkeit gegen das in der Urananreicherung verwendete Gas Uranhexafluorid im Vordergrund. Die weitere Karriere von Teflon bestimmte aber seine öl- und wasserabweisende Eigenschaft aufgrund seiner extrem geringen Oberflächenspannung bei gleichzeitig guter Hitzebeständigkeit. Eigenschaften, die beim Braten und Backen sehr beliebt sind.

Die Popularität begann zu schwinden, als vor ein paar Jahren Bedenken aufkamen, weil in einer leeren, am Herd vergessenen Pfanne bei einer Überhitzung über 360 °C der Kunststoff nicht nur zerstört wurde, sondern im Abgang noch giftige Reste hinterließ. Das klingt wenig bekömmlich, kommt allerdings im Alltag auch sehr selten vor. Und Sie sollten es eigentlich auch nicht ausprobieren, selbst wenn Sie wirklich gerne wissen wollen würden, wie Ihre Bratpfanne bei 360 °C aussieht. Das ist nicht nur für die Pfanne nicht gut, sondern auch für den Herd und schlimmstenfalls für die ganze Küche, das Haus und den Bezirk. Und dabei entstehen Dämpfe und Gase, gegen die ein bisschen zerstörtes Teflon harmlos ist.

Ungünstigerweise sind PFAS aber auch zum Zweck der Schmutzabweisung in Teppichen und Polstermöbeln, als Leder- und Textilimprägnierung gegen Ölverschmutzung oder auch in fettabweisenden Fast-Food-Verpackungen im Einsatz – um nur einige typische Massenanwendungen zu nennen. Klingt eigentlich alles ganz praktisch. Leider nehmen wir Menschen, und natürlich auch unsere Haustiere, PFAS zwar sehr leicht in unseren Körper auf, über Raumluft, Hausstaub und vor allem über Nahrung und Trinkwasser; aber wir scheiden sie dummerweise nur sehr langsam wieder aus. Im Schnitt dauert es, je nach Molekülgröße und Beschaffenheit, mehrere Jahre, bis wir die Hälfte der aufgenommenen Menge wieder los sind. Diese Zeit nutzen die Substanzen, um sich in uns anzureichern. Ob sie es gern machen, wissen wir nicht, aber indem sie es machen, können sie Blut und Organe schädigen. Das weiß man noch nicht allzu lange, erst seit gut zehn Jahren, aber Studien haben seither Hinweise geliefert, dass eine Beeinflussung der Schilddrüsenhormone möglich ist und es Zusammenhänge mit Asthma, entzündlichen Darmerkrankungen, Hoden- und Nierenkrebs und auch den erhöhten Sterblichkeitsraten bei Alzheimer gibt. Auch eine ungünstige Veränderung der Keimzellen ist nicht ausgeschlossen. Alles Erlebnisse, auf die man ohne Weiteres verzichten kann, ohne nennenswerten Verlust an Lebensqualität.

Alleine in Österreich sind seit Beginn der 2020er-Jahre mehrfach Grenzwertüberschreitungen im Grundwasser festgestellt worden, entstanden vermutlich durch Löschübungen mit PFAS-haltigen

Feuerlöschschäumen. Erst 2024 sind kommunale Kläranlagen in Österreich verpflichtet worden, die Belastung ihres Abwassers mit PFAS überhaupt zu überwachen. Daher ist die Datenlage noch recht überschaubar. Natürlich wird daran geforscht, wie man die Ewigkeitschemikalien von der Ewigkeit befreien könnte. Die gute Nachricht: Im Labor gelingt es, sie bei relativ niedrigen Temperaturen zu zerlegen oder bei größerer Hitze sogar fast restlos zu verbrennen. Die schlechte Nachricht: Das gelingt tatsächlich nur im Labor. Denn die Verbrennung hilft nur, wenn die Chemikalie im Hausmüll landet oder als Problemstoff abgegeben wird. Alles, was unkontrolliert über Abrieb oder sonst wie in der Umwelt landet, kann auch mit gefinkelten Labormethoden nicht im großen Stil abgebaut werden, weil es dann meist hochverdünnt in Wasser oder Luft vorliegt.

Vermutlich werden also auch PFAS das Schicksal der FCKW teilen: Wir haben es hier mit einer ursprünglich fortschrittlichen Entwicklung zu tun, mit großem Nutzen für viele – immerhin haben Kühlschränke und Gefriergeräte als neue Errungenschaften im letzten Jahrhundert Millionen Menschen das Überleben gesichert –, deren inzwischen bekannte Nachteile eine Weiterverwendung im großen Stil nicht ratsam erscheinen lassen. Chemikalien, die wir erforschen und entwickeln, gleich gar nicht erst einzusetzen und »Weg mit der Chemie!« zu brüllen, weil irgendwann eh das schlimme Ende droht, wäre allerdings nicht einmal eine Verschlimmbesserung. Denn ohne Chemie gibt es kein Leben. Wenn wir sie nicht verstehen, können wir keine Medikamente und Impfungen entwickeln und auch Lebensmittel nicht haltbar machen. Und man würde sein Haus vermutlich dann doch nicht lieber niederbrennen lassen, nur weil in Feuerlöschern PFAS zum Einsatz kommen … Wer keine Chemie in seinem Leben haben möchte, ist nicht nur tot, sondern bereits restlos verwest. Denn erst dann ist die Chemie mit uns fertig. Und das ist ja auch kein Leben.

Bei einer anderen – weniger chemisch als vielmehr physikalisch aktiven – Substanzklasse hat man schon viel früher gewusst, dass sie uns als Müll nahezu unlösbare Probleme bereiten wird. »Extrem lange Aufbewahrungszeiten« ist der zweite Vorname des sogenannten Atommülls, und die Ausreden, warum Atomkraftwerke angeblich trotzdem eine gute Idee sind, sind eine unendliche Geschichte.

Weil es in Österreich keine Atomkraftwerke gibt, ersparen wir uns immerhin die Suche nach einem Endlager für abgebrannte Kernbrennstäbe. Was das für enorme Probleme bereitet, sieht man in Deutschland. Dort gibt es ein Bundesamt für die Sicherheit der nuklearen Entsorgung, kurz BASE, und eine Bundesgesellschaft für Endlagerung, BGE. Beide haben alle Hände voll zu tun. Und zwar allein damit, dass Menschen, in deren Wohngegend seit Jahrzehnten ein Zwischenlager steht, überhaupt noch miteinander reden, ohne übereinander herzufallen. Denn zu Atommüll gibt es viele Meinungen, aber oft nur sehr wenig Wissen. Und vor allem kaum Lösungen, zumal politisch durchsetzbare. Eigentlich gibt es gar keine sinnvolle Lösung, wenn man ehrlich ist – und nicht wie der aktuelle Kanzler der Bundesrepublik im Wahlkampf sinnlose Aussagen tätigt, wie »Man bräuchte ja kein großes Atomkraftwerk bauen, es gäbe ja auch kleine« … Geradezu putzige Atomkraftwerke, könnte man ergänzen, die man vermutlich fast schon streicheln möchte und sowieso viel leichter abstauben kann. Abgesehen davon, dass man bei sogenannten Small Modular Reactors natürlich dieselben Probleme hat wie bisher mit großen Atomreaktoren, sind sie sauteuer. Und versuchen Sie einmal, nur zum Spaß, in Deutschland eine Gegend zu finden, in der Sie ein neues Atomkraftwerk bauen können. Das ist nicht nur angesichts des Theaters, das die Menschen machen, wenn sie mit Windrädern konfrontiert werden, ein völlig absurder Gedanke. Und jetzt stellen Sie sich vor, Sie kommen zu einer Landesregierung mit einem verhaltensoriginellen Ministerpräsidenten und unterbreiten ihm das Angebot, ein topsicheres Endlager für Atommüll in seinem Bundesland zu platzieren. Nicht nur das weithin für seinen Charakterfestigkeitsmangel bekannte bayerische Exemplar würde da abwinken. Obwohl auch er laufend von diesen süßen Mini-Atomkraftwerken schwärmt, als ob man die aus einem Überraschungsei herauspellen könnte.

Ich nehme an, Sie bekommen einen guten ersten Eindruck davon, mit welchen enormen Schwierigkeiten BASE und BGE konfrontiert sind. Denn abgesehen von den unglaublichen Kosten, die der Rückbau von Meilern und die Endlagerung von Atommüll schon nach heutigen Berechnungen verursachen, wird es noch erheblich teurer werden. Da braucht man kein Prophet zu sein. In Deutschland müssen darüber hinaus die Kosten seit dem sogenannten Atom-Deal im Jahr 2016 vom Staat getragen werden – also von der gesamten Bevölkerung und nicht von den Betreiberfirmen der Atomkraftwerke, die sich mit vergleichsweise wenigen Milliarden freikaufen konnten. Die Stilllegung der Kraftwerke und die endgültige Lagerung von Atommüll sollen laut Berechnungen aus dem Jahr 2016 bis Ende des Jahrhunderts etwa 170 Milliarden Euro verschlingen. Die Freikaufsumme betrug rund 23 Milliarden. Eventualitäten, die sicher auftreten werden, sind in dieser Differenz noch nicht eingerechnet. Ganz abgesehen davon, dass es für ein Endlager noch nicht einmal einen Standort gibt.

Erst im Jahr 2031 soll es in Deutschland einen Vorschlag geben, wo ein Endlager gemäß geologischer und anderer wissenschaftlicher Prüfungen überhaupt möglich wäre. Und kein Mensch kann sagen, welche Regierung dann dafür zuständig sein wird. Das muss, das haben die Wahlergebnisse in vielen Ländern gezeigt, keine sein, die auch nur annähernd kompetent genug ist, ein solches Problem in den Griff zu bekommen … Und da ist von den technischen Herausforderungen noch gar nicht die Rede: Die enormen Müllmengen müssen raus aus den Zwischenlagerbehältern Castor und rein in die Endlagerbehälter Pollux, wofür man mehr als eine Schaufel und ein Paar Handschuhe braucht. Und davon, dass kein Mensch weiß, wie man Endlager so lange verlässlich kennzeichnet, dass auch unsere Nachkommen in 10 000 Jahren noch wissen, wo der Müll liegt und wo man besser keine Tiefgarage bauen sollte, reden wir erst gar nicht. Selbst wenn die Endlager sehr lange Zeit sicher und dicht sein sollten, was auch niemand garantieren kann. Wenn jemand sagen würde, dass das doch ein ziemlich hoher Preis ist für die paar Jahrzehnte scheinbar billiger Energiegewinnung ... man könnte nur schwer widersprechen.

Aber auch wenn Österreich durch glückliche innenpolitische Umstände all diese Probleme erspart geblieben sind und die Versuchung groß ist, über die unvernünftigen Nachbarn zu spotten, gibt es trotzdem etwa 300 Tonnen verstrahlter Abfälle im Land, die aus radiomedizinischen und industriellen Anwendungen, Forschung und aus der Dekommissionierung und Dekontaminierung von Altanlagen stammen. Und zwar jedes Jahr. Dekontaminierung von Altanlagen klingt kompliziert, bedeutet aber einfach nur, dass der zwischen 1960 und 1999 betriebene Forschungsreaktor in Seibersdorf abgebaut und gelagert werden muss. Das ist aber auch hier nur die halbe Miete. Denn bis der Atommüll ganz weg ist, dürfte fast die Ewigkeit vergehen, die den PFAS den Namen gegeben hat – weil ja kontinuierlich neuer, frisch strahlender Abfall dazukommt, während Altabfälle nur langsam weniger strahlen. Damit sie das in Ruhe tun können, ohne uns noch mehr Ärger zu machen, als sie es ohnehin schon tun, müssen die politischen Verhältnisse stabil bleiben. Und wer davon angesichts der aktuellen Zustände noch immer ausgeht, darf für sich in Anspruch nehmen, ein ausgesprochen sonniges und optimistisches Gemüt zu besitzen. Demokratie ist nämlich eine sehr junge Spielart im staatspolitischen Gehege, und dass es unendlich so weitergeht mit ihr, ist leider nicht zu erwarten.

TEIL 3 ENDLICH UNENDLICH

Wie uns der Gewitterfurzer vor dem Ende bewahren kann | Wann endet Long Covid? | Die linke und die rechte Hand des Teufels | Endgegner | Endgegnerin | AMOC | Last Chance Tourism

DER ANFANG VOM ENDE

Als Ende 2019 und zu Beginn des Jahres 2020 Bilder aus der chinesischen Stadt Wuhan und aus Norditalien rund um Bergamo um die Welt gingen, waren die meisten von uns geschockt. Von einer Pandemie hatten zwar viele schon gehört, und dass das alles andere als ein Vergnügen wäre, war uns irgendwie klar. Die Spanische Grippe lag allerdings schon über 100 Jahre zurück. Und als das neue Virus weltweit um sich zu greifen begann, gab es in vielen Ländern kaum brauchbare Pläne für den Umgang mit einer derartigen Krise. Der Anfang vom Ende schien angebrochen zu sein. Auch wenn die Corona-Pandemie mittlerweile offiziell als beendet gilt, bis zur nächsten Pandemie ist es nur eine Frage der Zeit. Und wenn wir sie überleben wollen, müssen wir besser darüber Bescheid wissen, wozu so ein Krankheitserreger in der Lage ist und was man dagegen tun kann. Erstaunlicherweise sollten wir dafür vor allem sehr genau herausfinden,

WIE UNS DER GEWITTERFURZER VOR DEM ENDE BEWAHREN KANN

Dass wir Menschen uns gerne mit Darmwinden beschäftigen, ist kein großes Geheimnis – nicht erst seit im Paris des frühen 20. Jahrhunderts der Kunstfurzer Joseph Pujol Karriere machte und im Moulin Rouge als Le Pétomane astronomische Summen verdiente. Er wurde unter anderem deshalb zum Star, weil er die Marseillaise flatulieren konnte. Und auch schon beim allerersten Witz, von dem wir schriftliche Aufzeichnungen haben, handelt es sich um eine entsprechende Scherzfrage. Sie ist 4000 Jahre alt und geht so: »Was ist seit Urzeiten noch nie geschehen? Eine junge Frau sitzt auf dem Schoß ihres Mannes und pupst nicht.« Schon damals galt also: »Der Vater furzt, die Kinder lachen, so kann man billig Freude machen.« Gerne ergänzen wir für die sprachwissenschaftlich interessierte Leserschaft: Vielleicht nicht zufällig stammt der älteste bekannte Witz aus Meso-Po-Tamien. Gern geschehen.

Aber dass Furzen auch medizinische Spitzenforschung sein und das Ende des Lebens entscheidend hinauszögern kann, das dürfte für viele doch überraschend kommen. Aber zu Ihrer Beruhigung: Nicht das Furzen selber hält das Ende auf, das dann doch nicht. Furzen ist furzen. Das Ganze funktioniert eher so indirekt. Denn spätestens seit der Pandemie weiß man, dass der Gasaustausch in der Enddarm-Region nicht nur musikalisch interessant sein könnte wie im Moulin Rouge, sondern möglicherweise lebensrettende Implikationen hat. Allerdings ist dabei nicht so sehr das, was rauskommt, entscheidend, sondern eher das Gegenteil.

Aber der Reihe nach. Für unseren Stoffwechsel sind wir bekanntlich darauf angewiesen, dass wir Sauerstoff ein- und Kohlendioxid ausatmen. Und weil es sich evolutionär bewährt hat, verwenden wir dafür in der Regel die Atemwege inklusive Lunge. Da das Corona-Virus vor allem die Lunge befiel, wurde während der Pandemie eine gewaltige Menge an Beatmungsgeräten benötigt, um Leben zu retten – so viele, dass sie nicht selten knapp waren. Doch selbst bei ausreichender Verfügbarkeit hochwertiger Geräte konnte es passieren, dass bei Menschen mit bereits stark beeinträchtigter Lungenfunktion das schon versehrte Organ durch künstliche Beatmung noch weiter geschädigt wurde. Das stellte die Ärzte und Ärztinnen vor gewaltige Herausforderungen. Und bei genau diesen Herausforderungen könnte in Zukunft EVA helfen. Dabei handelt es sich nicht um eine neue Nachtschwester, sondern EVA steht für »Enterale Ventilation über den Anus«. Hätte man auch von selbst draufkommen können, aber serviceorientiert, wie wir sind, haben wir es sicherheitshalber dazugeschrieben. Aber im Ernst: Wie kommt man auf die Idee, eine Beatmung durch die Hintertür durchzuführen?

Die Lunge ist wegen ihrer guten Durchblutung und ihrer großen Oberfläche für den Gasaustausch besonders gut geeignet. Aber nicht nur sie. Der Darm verfügt, auch wenn er insgesamt weniger Fläche aufweist, über ganz ähnliche Eigenschaften. Streng genommen entsteht die Lunge während der Embryonalentwicklung sogar aus einer Ausstülpung des Vorderdarms. Die beiden kennen sich also noch von früher. Genau betrachtet ist demnach ein Lungenzug für uns Menschen auch über den Enddarm möglich, wobei man, bis beim Ausatmen Rauchringe gelingen, allerdings vermutlich sehr lange üben muss. Aber darum geht es ja gar nicht. Wie kann man sich diese Art der Beatmung nun konkret vorstellen? Hose runter und vornübergebeugt vor den Ventilator stellen? Oder muss man einen Strohhalm einfädeln? Beides falsch. Man bewerkstelligt es mithilfe einer Flüssigkeit, die besonders viel Sauerstoff aufnehmen kann – aber nicht mit Nonsense-Produkten wie mit O_2 angereichertem Trinkwasser, sondern mit Perfluorcarbon, kurz PFC.

PFC kann ähnlich große Mengen an Sauerstoff und Kohlendioxid fassen wie unser Blut und reagiert selbst nicht mit biologischem Material, was es zu der idealen Substanz für Flüssigkeitsatmung macht. Ein japanisches Forschungsteam hat deshalb versucht, Mäuse, Ratten und auch Schweine rektal damit zu beatmen – was tatsächlich gelang. Schweine, die uns Menschen vom Darm her nicht unähnlich sind, konnte man auf diese Weise 20 Minuten lang vor Sauerstoffmangel schützen. Sie merken schon, die Bezeichnung »Enddarmatmung« ist ein bisschen ein Etikettenschwindel, denn die Atmung lässt sich auf diese Weise nicht wirklich ersetzen, dafür brauchen wir weiterhin die Lunge. Aber dem Forscherteam ist es mithilfe der Methode gelungen, einen kritischen Abfall der Sauerstoffsättigung im Blut zu verhindern. Und in Notfällen, wie während der Pandemie, hätte genau das für viele Menschen lebensrettend sein können – vor allem wenn Beatmungsgeräte gerade rar sind oder Patient:innen wegen bereits geschädigter Lunge nicht auf regulärem Weg beatmet werden können. Die Forscher:innen gehen davon aus, dass beim Menschen etwa ein halber Liter dieser Flüssigkeit ausreichen könnte, um kritischen Sauerstoffmangel zu verhindern. Vor der praktischen Anwendung beim Menschen ist jedoch noch viel Forschung notwendig. Bis jetzt funktioniert die Methode leider nur im Tierversuch.

Was mit komplizierter Technologie für Menschen grundsätzlich und im Ernstfall möglich wäre, ist für einige Lebewesen schon längst

Alltag. Seegurken etwa besitzen eine Wasserlunge und atmen über die Ausstülpung ihres Enddarms – ganz ohne Perfluorcarbon. Da fragt niemand groß nach, wenn sie einmal tief Luft holen und gleichzeitig ein großes Geschäft erledigen. Manche Fische nutzen ebenfalls ihren Darm, um Gas aufzunehmen. Der Schlammbeißer zum Beispiel beherrscht die Darmatmung, ohne viel Aufhebens um sein Talent zu machen. Und er war eine der Inspirationen, die das japanische Forscherteam überhaupt erst auf die Idee der Alternativbeatmung gebracht haben. Er hat sich das angewöhnt, weil in Gewässern mit niedrigem Sauerstoffgehalt die Versorgung über die Kiemen manchmal nicht ausreicht. Dann schwimmt der Schlammbeißer an die Oberfläche und schluckt Luft. Mit dem Maul. Ein Teil des Sauerstoffs wird bei der Passage durch den Körper über seinen Darm aufgenommen, während der Rest hinten wieder rausschießt. Dieses Spiel hat dem Schlammbeißer auch den Spitznamen »Furzgrundel« eingetragen. In manchen Gegenden wird er auch »Gewitterfurzer« genannt. Aber nicht, weil er so donnernd mit dem Darm exhaliert, dass die Wände wackeln, sondern, weil der Sauerstoffgehalt an der Wasseroberfläche bei Unwettern meist sinkt und er bei Gewitter trotzdem genug Sauerstoff bekommt. Der Teil des Sauerstoffs, den der Gewitterfurzer nicht braucht und über seinen Darm wieder in die Freiheit entlässt, bildet übrigens nicht nur lustige Luftbläschen hinter dem Fisch. Manchmal verwendet er den Luftstrom auch als Abwehrwaffe, wenn ihn Fressfeinde bedrohen. Dann sagt er nicht: »Zieh einmal an der Flosse!«, sondern zeigt seinem Kontrahenten ohne Vorwarnung, was er von ihm hält.

Aber auch, wenn wir bis zur nächsten Pandemie in der Lage sein sollten, mit dieser Form der Beatmung das Ende des Lebens abzuwenden: Wenn man Pech hat, bekommt man nach überlebtem Notfall einen Begleiter im Leben, den man lange nicht mehr los wird. Schlimmstenfalls sogar nie.

WANN ENDET LONG COVID?

Long Player, Longboard, Long Island, Long Dong Silver – nicht immer, wenn etwas Long im Namen trägt, sind wir alarmiert. Manchmal sogar im Gegenteil. Bei Long Covid ist das zu Recht anders. Denn wir kennen weder die genaue Ursache der Krankheit noch ihren exakten Beginn, und auch das Ende ist oft nicht absehbar.

Was man weiß: Nach überstandener COVID-19-Infektion kann Long Covid als langwierige Folgeerkrankung zurückbleiben – so tückisch und gleichzeitig so wenig beachtet in der breiten Öffentlichkeit, dass man heute auch von einer stillen Pandemie spricht. Auch mehr als fünf Jahre nach Beginn der Pandemie gibt es nach wie vor keine international einheitliche Definition, nicht einmal verlässliche Merkmale, die eine Long-Covid-Diagnose im Labor ermöglichen. Zudem wurden bisher über 200 mögliche Symptome beschrieben, die sämtliche Organsysteme betreffen können. Es verhält sich also nicht wie bei einem Nierenstein, den man ziemlich sicher vor allem in der Niere finden wird und nur sehr, sehr selten im Ohrläppchen. Long Covid hat unzählige verschiedene Gesichter – während Ihr Bekannter nach einer Covid-Infektion vielleicht keine Gerüche mehr unterscheiden kann, könnte sich Long Covid bei Ihnen so äußern, dass Sie es morgens kaum noch aus dem Bett schaffen oder selbst die einfachsten Aufgaben nur noch mit Mühe erledigen können. Oder alles auf einmal. Eine Diagnose basiert momentan auf dem Ausschluss anderer Erkrankungen sowie dem zeitlichen Verlauf der Beschwerden. Wenn Sie schon sehr lange schwerhörig sind, dann Covid bekommen und danach noch immer genauso schwerhörig sind, dann handelt es sich wahrscheinlich nicht um ein Symptom von Long Covid. Was? Genau.

Diese Eigenheit der Krankheit ist im Alltag ausgesprochen unangenehm, denn es bedeutet: Anders als sonst gehen Sie nicht mit Beschwerden in die Ordination und mit einer Diagnose und einem Rezept wieder nach Hause, sondern Sie wissen vielleicht monatelang gar nicht, was mit Ihnen los ist. Und wenn Sie Pech haben, wissen die Ärzt:innen noch weniger als Sie. Was die Sache noch schlimmer macht: Es gibt nicht nur keine verlässliche Diagnose und somit auch keine entsprechenden Therapien, sondern, wie es in der Frühphase der Forschung oft der Fall ist, widersprechen sich manche Studien zum Teil sogar.

Was man immerhin mittlerweile weiß, ist, dass es sich bei Long Covid um eine reale Erkrankung handelt und keine psychosomatische Störung oder gar eine Einbildung »sensibler« Menschen. Sie wird durch eine SARS-CoV-2-Infektion ausgelöst und, das mag Sie überraschen, ist kein völlig neues Phänomen. Man kennt so was schon länger. »Was, dann stimmt es also doch, dass mein Onkel schon Anfang 2019 an Corona erkrankt ist, und die Eliten und Pharma-Lobbys haben es verschwiegen, damit wir alle krank werden und sie heimlich die Demokratie abschaffen können, um mit dem Geld auf Urlaub zu fahren!!!!«

Kein Grund für Verschwörungsgeraunze, Sie müssen ein bisschen genauer zuhören. Und zwar am besten uns und nicht irgendwelchen Echokammern. Long Covid kennt man natürlich tatsächlich erst seit kurzer Zeit, denn Covid-19 ist, wie der Name schon sagt, eine sehr junge Krankheit, die es vor 2019 nicht gab, und Long Covid wurde als Folgeerkrankung folglich erst danach zum ersten Mal beobachtet und beschrieben. Aber: Long Covid zählt zu den sogenannten postakuten Infektionssyndromen, kurz PAIS. Vor allem während und nach Pandemien mit viralen Atemwegsinfektionen sind solche Krankheitsfolgen nicht selten. Schon während der russischen Grippepandemie (1889–1895) oder bei der Spanischen Grippe vor gut 100 Jahren wurde von Patient:innen berichtet, die nach überstandener Infektion unter den gleichen Symptomen litten, die wir heute von Long Covid kennen. Auch nach der ersten SARS-Pandemie 2003 und der Schweinegrippe 2009 kamen solche Fälle vor.

Wenn Sie jetzt glauben, Atemwegserkrankungen hätten ein Monopol auf PAIS und sonst ist man davor sicher, so müssen wir Sie jedoch leider enttäuschen. Dengue-Virus, Eppstein-Barr-Virus, Polio-, Lyme-Borreliose- und Ebola-Infektionen können ebenfalls ein postakutes Infektionssyndrom nach sich ziehen. Um nur einige zu nennen.

Was sich noch zum aktuellen Wissensstand sagen lässt: In der enormen Menge von rund 200 Long-Covid-Symptomen gibt es drei, die besonders häufig auftreten: Post-Exertionelle Malaise (PEM), Postvirale Fatigue und kognitive Beeinträchtigungen. »Aha«, denken Sie jetzt vielleicht, »ich verstehe nur Bahnhof.« Aber keine Sorge, hier kommt der Fahrplan: Malaise heißt auf Französisch Unwohlsein und Exertion auf Englisch Anstrengung – und schon ist das Rätsel keines mehr, denn die Vorsilbe »post« kennen Sie, etwa von der Post-Moderne, die auf die Moderne gefolgt ist. Sehr volkstümlich ausgedrückt heißt das, dass es Ihnen ausgesprochen beschissen geht, womöglich schon nach geringen Anstrengungen und womöglich nicht nur unmittelbar danach, sondern erst mit Verzögerung. Das kennen Sie vielleicht, wenn Sie im Wirtshaus sitzen und fröhlich vor sich hin tschechern, sich denken – »oha, heute vertrag ich aber viel!« –, aber irgendwann aufs Klo müssen, und dann kommt der Kreislauf in Schwung, und schwuppdiwupp macht sich der Vollrausch bemerkbar, der aber schon eine Zeit lang in Ihnen drinnen war.

So ähnlich kann es Ihnen bei Post-Exertioneller Malaise gehen, mit dem entscheidenden Nachteil, dass die Beschwerden nach der Erholung nicht verschwinden. Und nicht nur körperliche Anstrengungen können Beschwerden auslösen, sondern zum Beispiel auch Stress. Nicht selten wird der Zustand von der Umgebung falsch eingeschätzt, und man bekommt Fitnesstipps, den Rat, sich wieder mehr zu bewegen, rauszugehen ins Freie und das Leben zu genießen. Das sollten Sie den Betroffenen allerdings nur dann empfehlen, wenn Sie sie auch noch verhöhnen wollen in ihrem Leid. Denn die wären ja gerne wieder gesund und würden sich wünschen, sie wüssten weder, wie man Post-Exertionelle Malaise schreibt, noch, wie man sich dabei fühlt. Stattdessen ist ein angepasstes Energie-Management nötig, sogenanntes Pacing. Dabei lernt man so zu leben, dass keine Verschlechterung eintritt. Das sagt sich leicht, ist im Alltag aber sehr kompliziert. Und, und das ist auch kein Trost, es führt nicht immer zu einer Verbesserung.

Postvirale Fatigue übersetzen wir einfach, damit wir gleich in die Vollen gehen können, als »Ermüdungssymptome nach einer Viruserkrankung«. Die Fatigue kommt bei Long-Covid-Patient:innen besonders häufig vor und zeichnet sich durch unverhältnismäßige Müdigkeit und Erschöpfungszustände aus, die im schlimmsten Fall zur Folge haben, dass die Betroffenen kaum das Bett oder Haus verlassen und schon gar nicht ihrer Arbeit nachgehen können. Dass sich auch hier Schonungstherapien anbieten, ist naheliegend, denn außer Nahe-Liegen ist oft ohnedies nicht viel möglich, wenn Sie das Wortspiel erlauben. Angenehmer wäre es, gäbe es Medikamente, das stimmt, aber wie beim Quartettspielen lautet die Antwort: Abgeblitzt. Wenn man Glück hat (und viel Unterstützung aus dem Umfeld bekommt), wird es mit der Zeit auch so langsam besser. Wenn man Pech hat, hilft gar nichts.

Und noch Nummer drei am Stockerl der häufigsten Long-Covid-Beschwerden: kognitive Beeinträchtigungen, also Gedächtnisprobleme oder Konzentrationsstörungen. Die haben wir zwar alle manchmal, und manche Menschen bescheiden sich da im Alltag scherzhaft »beginnenden Alzheimer«, aber das ist nicht zu vergleichen mit den Folgen, die Menschen im Rahmen von Long Covid erleben. Dieser »Brain Fog« kann das Denken verlangsamen und den sprachlichen Ausdruck erschweren. Sie sind also dauernd stocknüchtern, erwecken aber den gegenteiligen Eindruck, ohne sich dagegen wehren zu können. Einzige Gemeinsamkeit: Auto fahren sollten Sie in beiden Fällen nicht.

Was soll man also tun, nachdem es weder Diagnose noch Therapie in befriedigendem Ausmaß gibt? Wie beugt man am besten vor? Richtig: mit Pferdeentwurmungsmittel, indem man rechtsradikale Parteien wählt und auch sonst so tut, als hätte man das Gehirn im Kopf nur deshalb, damit der Platz zwischen den Ohren nicht frei bleibt.

Leider ist es nicht so einfach. Denn die beste Vorbeugung ist natürlich, nicht an Covid zu erkranken – was sich manchmal, wenn man einigermaßen am Leben teilnehmen möchte, gar nicht so leicht vermeiden lässt. Darüber hinaus ist es sogar keineswegs egal, wie oft man an Covid erkrankt. Jede Infektion birgt ein neues Risiko, möglicherweise erhöht sie es sogar. Es war noch nicht einmal egal, wann man in der Vergangenheit an Covid erkrankt ist. Im Fall von Long Covid gibt es Hinweise darauf, dass manche Varianten von SARS-CoV-2 gefährlicher waren als andere. Delta oder Alpha dürften Long Covid eher begünstigt haben als die Omikron-Variante. Warum, weiß niemand. Ob Impfungen und die Verwendung von antiviralen Medikamenten während der akuten Phase der Infektion das Risiko senken, ist nicht definitiv bewiesen, aber es sprechen viele indirekte Beobachtungen dafür. Auch deshalb sind Corona-Schutzimpfungen sinnvoll. Ein schwerer Verlauf der Erkrankung kann das Risiko auf Long Covid erhöhen. Aber Obacht! Ein sogenannter milder Verlauf stellt hingegen keine Garantie dar, nicht an Long Covid zu erkranken.

Statistisch gesehen gibt es sogar viel, viel mehr Menschen mit Long Covid nach einem milden Verlauf! Abgesehen davon, dass »mild« in dem Fall bekanntlich nicht bedeutet, dass die Krankheit ohne Komplikationen verlaufen ist – sie waren nur nicht so massiv, dass man ins Spital musste –, ist das eben die Crux mit der Statistik. Denn natürlich gibt es schon allein deshalb viel, viel mehr Long-Covid-Patient:innen nach mildem Verlauf, weil glücklicherweise viel, viel mehr Menschen nur einen milden Verlauf erlebt haben. Das als kleine Argumentationshilfe bei Verwandtentreffen, wenn Ihnen jemand mit aufgerissenen Augen das vermeintliche Killerargument serviert, dass viel mehr geimpfte Menschen an Covid gestorben seien … »Zum Glück!« als Antwort ist in dem Fall vielleicht nicht die gelungenste Wortwahl, aber natürlich bedeutet es einfach nur, dass zum Glück doch sehr viele Menschen auf die Schutzimpfung vertraut haben. Sonst wäre es noch deutlich schlimmer gekommen.

Ganz hoffnungslos ist die Lage allerdings nicht, wenn man an Long Covid erkrankt. Bei Kindern und Jugendlichen liegt die Genesungsrate bei 70 % innerhalb der ersten 24 Monate. Das ist schon einmal tröstlich, wenn auch nicht für die restlichen 30 %. Und zwei Jahre, während derer man nicht weiß, ob man wieder ganz gesund wird, können auch sehr lange werden.

Eine 2024 veröffentlichte Schätzung geht von mindestens 39 Millionen Long-Covid-Patienten in den OECD-Ländern aus, andere Quellen berichten von über 60 Millionen Erkrankten weltweit. Das sind vermutlich fast zehnmal so viele Menschen, wie während der

Pandemie und bis April 2024 an der Infektion selbst verstorben sind. Und die, bei denen sich die Beschwerden nicht oder nur sehr langsam einem Ende zuneigen, werden auch weiterhin Geduld haben und hoffen müssen, dass die Forschung an ihrer Krankheit nicht von politischen Bulldozern behindert, sondern vielmehr gefördert wird.

Zum Glück passiert das inzwischen auch. Selbst wenn manchmal, vor allem beim Doom-Scrollen auf Social Media, der Eindruck entstehen könnte, wir lebten in einer Welt voller Wissenschaftsfeindlichkeit: Die meisten Menschen wissen, was sie an der Wissenschaft haben. Und selbst die, die moderne Technik vor allem für Kriege und Bereicherung nutzen möchten, sind auf Forschung und wissenschaftlichen Fortschritt angewiesen. Keine Börse braucht ihr Tagesgeschäft ohne Wissenschaft zu beginnen, keine Drohne hebt ohne moderne Forschung ab. Wären alle Menschen tatsächlich so wissenschaftsfeindlich wie die Regierung unter dem aktuellen US-Präsidenten, wäre dessen Leben vermutlich längst zu Ende, nachdem auch er im Jahr 2022 schwer an COVID erkrankt war und nur mit enormem medizinischen Aufwand und Know-how gerettet werden konnte. Hätte man schon damals gegen Universitäten gehetzt und Forschungseinrichtungen die Gelder gestrichen, hieße der 47. Präsident der USA anders – was zwar nicht alle von Herzen bedauern würden, aber vor allem ein Beleg dafür ist, dass auch solche wie er ohne Wissenschaft nicht leben können. Abgesehen davon, dass auch seine geliebten Cheeseburger ohne moderne Lebensmittelchemie undenkbar wären.

Wann Long Covid zu Ende gehen wird, wissen wir noch nicht. Dass die nächste Pandemie eher früher als später kommt, allerdings schon. Möglicherweise können wir uns davor schützen, indem wir uns alle zu Spiegelmenschen umbauen. Möglicherweise beenden wir damit aber auch alles Leben auf der Erde. In dem Fall hätten wir es mit der Pandemie-Prophylaxe vermutlich eindeutig übertrieben.

DIE LINKE UND DIE RECHTE HAND DES TEUFELS

Rufen Sie sich für das Folgende bitte die sonore Stimme ins Gedächtnis, mit der Kinotrailer für apokalyptische Blockbuster üblicherweise eingesprochen werden:

»Als niemand damit rechnete, begann ganz plötzlich: der Weltuntergang! Forscherinnen und Forscher haben vergeblich vor einer völlig neuartigen Lebensform gewarnt, die sich von nichts und niemandem aufhalten lässt.
The Mirror!
Ein nie da gewesener Organismus, der sich unkontrolliert ausbreiten konnte und gegen den unser Immunsystem und unsere Medikamente weitgehend nutzlos waren. Das Ende allen Lebens war angebrochen, als wir in den Spiegel schauten.
The Mirror!
Demnächst. Nur im Kino.«

So. Jetzt bitte wieder umschalten auf die Stimme in Ihrem Kopf, mit der Sie sich den Rest des Buchs vorgelesen haben. Oder gern auch auf irgendeine andere, alberne Stimme, mit der Sie ab jetzt den Rest des

Buches genießen möchten, das ist ganz Ihnen überlassen. Fertig? Also.

Die Ankündigung klingt natürlich etwas überdramatisch. Aber, und das ist das Erstaunliche, sie ist es eigentlich gar nicht. Zumindest nicht sehr. Noch ist fast nichts passiert. Und mehr wird vielleicht auch nie passieren. Das ist das Tröstliche. Das Untröstliche: Es ist bereits fast möglich. »Spitze!«, denken Sie jetzt vielleicht, »aber was eigentlich? Schminken? Spiegeltrinken? Eiweiß denaturieren? Ich höre immer nur Spiegel.«

Ein bisschen Geduld bitte, wir kommen gleich dazu. Wie real die Bedrohung aus dem Spiegel ist, haben Forschende jetzt in einem knapp 300 Seiten langen Bericht veröffentlicht. Nicht irgendwelche Weltuntergangsweirdos und -faschisten wie die, die wir in Teil 1 kennengelernt haben und die sich einen neuen Tempel in Jerusalem wünschen oder Glatzköpfe aus Äthiopien erwarten, sondern viele Spitzenforscher:innen, unter denen sich sogar ein paar Nobelpreisträger befanden. Und diese Truppe warnt davor, dass die Wissenschaft einen existenzbedrohenden Fehler begehen könnte: durch die mögliche Erschaffung von Spiegellebewesen.

Was versteht man darunter? Eigentlich ist ziemlich genau das drin, was draufsteht: Spiegellebewesen sind Lebewesen, die sich genau spiegelverkehrt zu normalen Lebewesen verhalten. Nicht wie in der Serie *Stranger Things*, in der es eine böse Spiegel-Parallel-Welt zur normalen Realität gibt. Sondern auf molekularer Ebene. Anstatt normaler DNA gibt es spiegelverkehrte DNA. Keine Zuckermoleküle, sondern spiegelverkehrte Zuckermoleküle. Normale Proteine? Nein, Sie ahnen es bereits – spiegelverkehrte.

Man nennt das in der Wissenschaft Chiralität. »Chir« ist Ihnen vielleicht schon einmal im Wort Chiromantie untergekommen, wenn Sie an Lebenslinien auf der Handfläche glauben, denn »Cheir« heißt auf Altgriechisch Hand. Also, es heißt natürlich auf Deutsch Hand, stammt aber sprachlich aus dem Altgriechischen. Das wird gern verwechselt. Chiralität bedeutet, dass Moleküle auf zwei Arten vorliegen können, die sich wie Bild und Spiegelbild verhalten und nicht zur Deckung bringen lassen. Also nicht die Hände falten wie zum Gebet, wenn Sie sich das veranschaulichen wollen, sondern übereinanderlegen, indem beide Handflächen zu Ihnen schauen. Denn in der Chemie wird Chiralität meistens mit Händen veranschaulicht: Meine linke und meine rechte Hand sind zueinander spiegelverkehrt und lassen sich nicht zur Deckung bringen. Und weil diese Hand-Analogie so populär ist, spricht man auch bei chiralen Molekülen nicht nur von gespiegelten Varianten, sondern auch von einer linkshändigen und einer rechtshändigen Variante. Wenn man die Moleküle benennt, stellt man bei den rechtshändigen Exemplaren deshalb D voran für lateinisch »dextra«, was auf Deutsch – gut aufgepasst – rechts heißt. Und L für links, denn das heißt auf Lateinisch »sinistra«. Kleiner Scherz, in dem Fall kommt »laevus« zum Einsatz, das bedeutet auch links. Warum, das müssten Sie die alten Römer fragen, wenn Sie welche kennen.

Von außen betrachtet würde ein molekular gespiegeltes Lebewesen ganz normal aussehen. Und dennoch könnte es sich für das Leben, wie wir es kennen, zu einer der größten Bedrohungen entwickeln, die wir uns vorstellen können. Schauen wir uns, um das zu verstehen, zuerst einmal ein freundliches Spiegelmolekül an: Traubenzucker.

Wenn wir Traubenzucker sagen, meinen wir die sogenannte D-Glucose. Also rechtshändig. Sie schmeckt süß und liefert Energie. Wenn ich dieses Molekül jedoch spiegle, erhalte ich L-Glucose – die linkshändige Variante. Die schmeckt genau wie der normale Traubenzucker, wäre für uns jedoch völlig kalorienfrei, weil wir nicht in der Lage sind, ihn abzubauen. Unsere Verdauungsenzyme können den gespiegelten Traubenzucker nämlich nicht erkennen, weil uns gespiegelte Glucose im Laufe der Evolution praktisch nie begegnet ist. Unser Körper hat deshalb nie einen Grund gehabt, zu lernen, auch den gespiegelten Zucker abzubauen. Es wäre der ideale Süßstoff, wäre die Herstellung nicht so teuer.

Viele der Moleküle, aus denen Leben besteht, wie DNA und Proteine, sind ebenfalls chiral und können gespiegelt existieren, also sowohl linkshändig als auch rechtshändig sein. Allerdings hat sich die Natur grundsätzlich auf jeweils eine der beiden Formen festgelegt. DNA ist in allen Lebewesen immer rechtshändig, Proteine hingegen immer linkshändig. Jetzt kennen wir die Basics und können die Frage stellen, auf deren Beantwortung Sie längst ungeduldig warten: Wie wird uns das umbringen, wann geht das los – und was kann man dagegen tun?

Auch wenn sie in der Natur nicht vorkommen, können wir die gespiegelten Varianten dieser Moleküle im Labor bereits herstellen. Denn moderne Wissenschaft kann viel mehr, als im Alltag bekannt ist und im Small Talk eine Rolle spielt. Wir haben etwa bereits gespiegelte RNA produziert. Gespiegelte DNA. Spiegelproteine. Und wir haben Enzyme gespiegelt, die unsere DNA zusammenbauen. In den letzten Jahren wurden wir immer besser darin, die molekularen Bestandteile von Lebewesen in gespiegelter Form herzustellen. Was wie eine Erfolgsserie klingt, macht Forschende jetzt aber wie gesagt auch mehr als nervös. Denn bald wird es technisch machbar sein, primitive Lebewesen wie Bakterien vollständig zu spiegeln. Mit unvorhersehbaren Konsequenzen.

Alles, was die Evolution hervorgebracht hat, ist darauf trainiert, mit den Molekülen umzugehen, die in der Natur vorhanden sind. Unser Immunsystem wurde Jahrmilliarden darauf optimiert, Krankheitserreger zu erkennen, deren Proteine allesamt linkshändig sind. Das können wir, wenn wir gesund sind oder geimpft, ganz hervorragend. Ein Spiegelbakterium mit rechtshändigen Proteinen wäre für unser Immunsystem jedoch weitgehend unsichtbar. Aber »Aus den Augen, aus dem Sinn« funktioniert in dem Fall nicht. Das Spiegeln macht aus dem Bakterium vielmehr eine Art Tarnkappenbomber, nur viel kleiner und deutlich tödlicher. Wobei man tödlich natürlich nicht steigern kann, aber Sie wissen, worauf wir hinauswollen.

Eine wichtige Rolle bei der Immunabwehr spielen Mustererkennungs-Rezeptoren, die Strukturen von Krankheitserregern erkennen und die Immunreaktion starten. Abwehrstoffe werden freigesetzt, Fresszellen beginnen den Erreger zu verputzen, und Antikörper bildende Zellen werden aktiviert. In einem Spiegelbakterium wäre diese Struktur des Bakteriums jedoch, Sie erraten es: spiegelverkehrt. Und in dieser Form passt sie einfach nicht auf den Rezeptor. Egal wie ich sie drehe und wende – mein Immunsystem könnte nicht erkennen, dass es sich dabei um den Krankheitserreger handelt. Und das ist leider ziemlich ungünstig.

In ihrem langen Bericht gehen die Forschenden sämtliche Abwehrmechanismen des Immunsystems durch und kommen zu dem Schluss, dass die meisten davon gegenüber Spiegelbakterien entweder nur sehr eingeschränkt oder gar nicht wirksam wären. Als Beispiel: *E. coli*. Das kennen Sie schon, es handelt sich um einen der Mikroorganismen, der in der Ultrazentrifuge noch immer fortpflanzungsfähig ist. Der Buchstabe E steht in dem Fall aber nicht für irgendwas mit Hand, so wie L für links, sondern für Escherichia. Und kommt von Theodor Escherich, einem deutschen Kinderarzt, der das Darmbakterium *E. coli* Ende des 19. Jahrhunderts entdeckt und beschrieben hat. Im Normalfall lebt es friedlich in unserem Verdauungstrakt. Wenn unser Immunsystem aber sehr geschwächt ist, kann *E. coli* außer Kontrolle geraten, Infektionen verursachen und sogar tödlich sein. Für ein gespiegeltes *E. coli* wäre unser Immunsystem aber nicht bloß geschwächt, sondern fast gar nicht vorhanden, und ein an sich harmloses Bakterium könnte zum gefährlichen

Krankheitserreger mutieren. Auch ein Großteil unserer Antibiotika wären dagegen nutzlos. Penicillin, eigentlich so was wie der Popstar der Antibiotika, bindet normalerweise an die Zellwand der Bakterien und macht sie kaputt. Bei einem Spiegelbakterium würde Penicillin aber ins Leere fahren – weil es chiral arbeitet und gespiegelte Bakterien nicht erkennen kann. Man hätte von der Einnahme also wenig, außer vielleicht Durchfall und einen Harnwegsinfekt. Der eigentliche Krankheitserreger wäre quasi wie eine Luftspiegelung für das Medikament, eine Fata Morgana.

Spiegelbakterien wären jedoch nicht nur für uns, sondern für die gesamte Biosphäre problematisch, denn sie hätten kaum natürliche Feinde. Stellen wir uns einen Wurm vor, der sich von Bakterien ernährt, etwa *Caenorhabditis elegans*. Oder *C. elegans*, wie ihn seine Freunde nennen. Der dürfte Ihnen schon einmal untergekommen sein, gilt er doch in der Genetik als Modellorganismus und kommt bei Pressemitteilungen aus dem Bereich oft zur Sprache. Wenn Sie allerdings nicht regelmäßig die Pressemitteilungen aus der Genetik lesen, dann freuen wir uns, dass Sie zumindest jetzt von diesem Wurm erfahren haben. Gern geschehen. Für ihn würden Spiegelbakterien zwar aussehen wie Nahrung, essen könnte er sie aber nicht, weil seine Verdauungsenzyme die Spiegelmoleküle nicht abbauen können. Er würde sie entweder unverdaut wieder ausscheiden oder schlimmer, sie infizieren ihn und beenden sein Leben. Aussuchen kann er sich das aber nicht, er müsste nehmen, was kommt.

Bakterien werden normalerweise nicht nur von Würmern gefressen, sondern auch von Bakteriophagen dezimiert – also von Viren, die Bakterien infizieren und vernichten. Und das in großen Mengen. Damit Sie eine Größenordnung haben: Jeden Tag sterben in allen Meeren der Welt etwa 40 % der Ozeanbakterien durch diese Viren. Ein tägliches Gemetzel, von dem wir in der Regel kaum etwas mitbekommen. An Spiegelbakterien könnten diese Viren jedoch nicht andocken, weil sie deren Oberfläche nicht erkennen würden. Die Schlacht nähme einen anderen Verlauf. Nicht nur im Meer. Denn die meisten Mechanismen, die das Wachstum von Bakterien in der Natur einschränken, würden bei Spiegelbakterien nichts bewirken.

Jetzt könnten Sie einwenden: »Wenn normale Lebewesen die Spiegelbakterien nicht verdauen können, weil unsere Verdauungsenzyme die Spiegelmoleküle nicht erkennen – warum sollten dann die Spiegelbakterien unsere normale Nahrung verwerten können? Sind aus deren Sicht nicht wir gespiegelt?«

Das wäre eine ganz hervorragende Frage, die auch in Forscher:innenkreisen eifrig diskutiert wird. Denn manche Bakterien wie *E. coli* können sich bei Bedarf auch ausschließlich von nichtchiralen Nährstoffen ernähren – also von solchen, bei denen die Spiegelung keine Rolle spielt. Und davon finden sie in der Umwelt und auch in potenziellen Opfern wie uns ausreichend. Außerdem könnten auch Spiegelbakterien die Fähigkeit entwickeln, Substanzen abzubauen, die aus deren Sicht gespiegelt sind, wenn der Selektionsdruck entsprechend groß ist. Und der wäre nicht bloß entsprechend groß, sondern enorm. Es ist, wie gesagt, ein tägliches Gemetzel im Gange, bei dem plötzlich neue Waffensysteme und Kampftechniken zum Einsatz kommen. Sollte auch nur ein einziges solches Spiegelbakterium in die Umwelt gelangen, könnte es zu einer unaufhaltsamen Ausbreitung kommen, inklusive dem Kollaps der uns bekannten Nahrungskette.

Ihre nächste Frage könnte somit lauten: »Wieso forscht man an so einem Schas?!« Oder gerne auch: »Wieso forscht man an so einer Kacke?!« Je nachdem, in welchem Dialekt Sie Ihren Unmut über die Spiegelforschung kundtun wollen. Auf die Antwort könnten Sie mit ein bisschen weniger Nassforschheit allerdings auch selber kommen. Denn wie so oft gibt es auch hier zwei Seiten. Sie kennen das Bild mit dem Hammer, der helfen kann, einen Nagel einzuschlagen – oder eben einen Schädel. Und das, was Spiegelbakterien so gefährlich macht, macht Spiegelmoleküle medizinisch so nützlich. Bei vielen Therapien stellt sich nämlich folgendes Problem: Verabreicht man Medikamente, die aus Proteinen bestehen, werden sie im Körper oft innerhalb von Minuten von Verdauungsenzymen abgebaut, was dem Heilungsverlauf oft nicht sehr zuträglich ist. Gespiegelte Medikamente werden von unseren Verdauungsenzymen aber nicht abgebaut und können daher länger im Körper wirken. Ein paar dieser Spiegeltherapeutika gibt es bereits – sie funktionieren auch, was gemeinhin als Erfolg gewertet wird und sie zu Publikumslieblingen macht.

Sie müssen allerdings Atom für Atom zusammengesetzt werden, was unfassbar aufwendig ist und die Beliebtheit wieder deutlich schmälert. Ein Spiegelbakterium würde solche Medikamente automatisch in gespiegelter Form herstellen. Quasi mit links. Außerdem könnten Sie kostengünstig gespiegelte Glucose herstellen, das heißt, wir könnten den ganzen Tag kalorienfreien Spiegeltraubenzucker naschen, und dafür kann man doch schon einmal einen Weltuntergang riskieren. Bislang hat noch niemand versucht, ein komplettes Bakterium zu spiegeln. Wir könnten es auch noch nicht. Aber in etwa zehn Jahren dürfte es so weit sein. Plus/minus. Das ist nicht sehr weit in der Zukunft. Und dann stellt sich die Frage, ob wir es schaffen, zu verhindern, dass es tatsächlich jemand probiert.

Das ist alles andere als gewiss. Denn es gibt Beispiele in der jüngeren Geschichte, die nicht gerade ermutigend klingen, etwa den Fall der beiden chinesischen Zwillinge, die unter den Namen Lulu und Nana bekannt wurden. Im Jahr 2012 wurde die Genschere CRISPR/Cas9 entwickelt, die die Veränderung von Erbinformation so sehr vereinfachte, dass man Menschen genetisch verändern konnte. Es waren sich zwar alle in der Forschung einig, dass man das nicht tun sollte, aber sechs Jahre später war es dennoch so weit. Im Jahr 2018, als Lulu und Nana erst aus wenigen Zellen bestanden, hat der chinesische Biophysiker He Jiankui die beiden genetisch verändert – ohne

Ankündigung und im Glauben, als Held der Wissenschaft gefeiert zu werden. Stattdessen gab es für ihn drei Jahre Gefängnis und einen akademischen Shitstorm. Immerhin.

Die Lektion aus dieser Episode dürfte sein: Sobald etwas technisch umsetzbar wird, kann man kaum verhindern, dass es wer tatsächlich macht. Am Anfang sind das vielleicht nur einzelne Spinner:innen. Oder einzelne Spinnerstaaten, muss man mittlerweile ergänzen. Die CRISPR-Babys sind zum Glück nicht in der Lage, sich unkontrolliert auszubreiten und das gesamte Leben auf der Erde zu bedrohen. Sie waren selber Opfer. Aber einem einzigen freigesetzten Spiegelbakterium könnte genau das gelingen.

Kein Wunder also, dass heftig diskutiert wird, ob bestimmte Spiegeltechnologien gar nicht weiter erforscht werden sollten. Denn sonst könnte in den nächsten Jahrzehnten ein einzelner Terrorist oder eine einzelne Weltuntergangsfanatikerin mit PhD in Molekularbiologie die perfekte Biowaffe erschaffen, die ultimative Pandemie lostreten und den unaufhaltsamen Kollaps der gesamten Biosphäre riskieren. Martin Moder, der Molekularbiologe der Science Busters, lässt daher immer wieder einmal anklingen, wir mögen freundlich zu ihm sein. Das sind wir aber erstens ohnedies und entgegnen zweitens, dass die Gefahr durch Spiegelbakterien in den kommenden Jahrzehnten leider ein wenig an Brisanz einbüßen könnte. Vor allem, wenn wir weiterhin mit demselben Elan gegen die Klimakatastrophe und den Verlust von Biodiversität ankämpfen.

Durch die bisherigen Unterlassungen und unser kontraproduktives Handeln liegt der Zeitpunkt, an dem man die Klimakrise noch in den Griff hätte bekommen können, bereits hinter uns. Selbst wenn in ein paar Jahrzehnten Spiegelbakterien möglich sein sollten, wären die vermutlich nicht die größte Bedrohung für uns. Denn das, was dann große Teile des Lebens auf der Welt an den Rand des Endes gebracht haben wird, sind wir Menschen selbst, als unser eigener

ENDGEGNER

Auch wenn es einem manchmal unendlich lange vorkommt, bis man ein Game durchgespielt hat, am Ende wartet der Endgegner. Endlich.

Wie schauen solche Superschurken aus? Natürlich haben wir da sofort ein Bild im Kopf: groß, plump, buschige Augenbrauen, laut, wallendes oranges Haar. Richtig: Super Mario Bros' Feuer speiender Schildkrötendrache Bowser aus dem Jahr 1985 ist einer der bekanntesten Vertreter. Oder auch Donkey Kong vier Jahre früher oder ein Jahr später, 1986, Ganon aus *The Legend of Zelda*. Aber Endgegner scheint es mittlerweile überall zu geben.

Obwohl der Begriff ursprünglich aus der Gaming-Welt stammt, hört man ihn dieser Tage immer häufiger auch in den Nachrichten und im sonstigen Alltag. Wer dabei der jeweilige Endgegner ist, liegt im Auge des Betrachters bzw. der Betrachterin – ob Diktatoren, die Steuererklärung oder das Telefonieren mit fremden Menschen. Diese Omnipräsenz der Endgegner ist, wenn man länger drüber nachdenkt, aber vermutlich kein wünschenswertes Szenario. Denn den Endgegner besiegt man – oder eben nicht. Und im ersten, positiven Fall ist dann zwar die Welt gerettet, aber eigentlich auch das Spiel aus. Dabei gibt es den Endgegner noch gar nicht so lange.

Zumindest in Computerspielen. Historisch gesehen hatten gute Erzählungen schon immer einen finalen Antagonisten – Drachen, böse Zauberer, finstere Overlords, den Teufel oder einen extrem versierten, allerdings leider auch verrückten Wissenschaftler.

Das kennen Sie vielleicht noch aus den Kasper-Theatervorführungen Ihrer Kindheit. Die Prinzessin ist entführt im Märchenwald, niemand weiß, wie man dem Drama ein Ende bereiten könnte, der König ist verzweifelt, da rücken Kasperl und Sepperl aus als *Soko Kasperlhausen*, überführen den Drachen anhand seiner DNA mithilfe der forensischen Wissenschaft, bringen die Königstochter zurück im Triumphzug, es riecht schon in ganz Kasperlhausen nach Großmuttis Guglhupf, der König will die beiden reich belohnen, aber Kasperl und Sepperl winken ab, weil sie nur ihren Job getan haben. Und Sie sitzen mit leuchtenden Augen vor der Bühne, bevor Sie mit den anderen Kindern klatschen und mit den Füßen trampelnd in Jubel ausbrechen.

In der Welt der Videospiele stellt der Endgegner eine relativ neue Entwicklung dar. In frühen Arcade-Spielen wie *Space Invaders* aus dem Jahr 1978 gab es zwar jede Menge gut gelaunte Aliens, die in Reih und Glied geordnet immer näher kamen, aber keinen Endgegner. Und bei *Tetris* sowieso nicht. Das Spiel hat einfach nicht aufgehört, sondern wurde nur immer schwieriger, bis man irgendwann sowieso verloren hat.

Aber, so beliebt und legendär diese Spiele heute noch sind, bald hat sich doch herausgestellt, wie dringend wir Glücksmomente brauchen und wie sehr wir auf das Gefühl stehen, etwas abgeschlossen und geschafft zu haben, und sei es das Besiegen eines virtuellen Superschurken in unserem digitalen Leben. So sind die ersten Endgegner in der Spielewelt aufgetaucht. Mit zunehmender Rechenleistung sind diese Gegner auch komplexer und eindrucksvoller geworden. Der Endgegner war damit nicht mehr nur ein Hindernis, das überwunden werden wollte, sondern auch ein tiefgründiger Gegenspieler mit Persönlichkeit. Trotzdem waren die Spiele so gestaltet, dass man sich während des gesamten Spielverlaufs Schritt für Schritt auf sie vorbereiten und die notwendigen Fähigkeiten und Werkzeuge erlernen und einsammeln konnte, um am Ende als Sieger:in zu triumphieren. Das war die geordnete Welt des 20. Jahrhunderts, wenn Sie so möchten.

Aber dann kamen Spiele wie *Dark Souls*, sogenannte Soulslike-Games – ein Begriff, der auch gut passt, um die aktuellen geopolitischen und klimatechnischen Herausforderungen zu beschreiben. Denn dabei handelt es sich um Spiele, die sich trauen, wirklich schwer und unübersichtlich zu sein, und die die Spieler:innen nicht mehr an die Hand nehmen. Kein Hinweis, wo das nächste Zauberschwert liegt oder welche Schatztruhe man öffnen sollte. Die Gegner sind größer und gnadenloser, und man muss hart trainieren, um überhaupt eine Chance zu haben. Es gibt kein Tutorial. Beim ersten Mal wird man schon nach wenigen Minuten vom ersten Gegner in Grund und Boden gestampft. Das ist ausgesprochen frustrierend, aber das Spiel zuckt quasi nur mit den Achseln und sagt: »Lern's halt selbst und schau, dass du besser wirst.«

Und statt auf nur einen finalen Endboss zu treffen, trifft man auf einmal auf unzählige, monströs schwere Bosse – so viele, dass man gar nicht mehr weiß, wer eigentlich der wahre Endgegner ist. In modernen Spielen wie *Dark Souls* oder *Elden Ring* sind Endgegner zu multidimensionalen Herausforderungen geworden, die nicht nur Reflexe und schnelle Reaktionen, sondern auch strategisches Denken und das Verstehen komplexer Verhaltensmuster erfordern. Spieler:innen müssen die Endgegner beobachten und von ihnen lernen, um sie zu besiegen. Man muss sie fast mögen, um sie besser zu verstehen und letztlich besiegen zu können. Das ist natürlich besonders gemein. Früher waren Diktatoren oder Kriegsherren die klar definierten Endgegner der Weltgeschichte. Wie im Kasperltheater: da die Guten aus Kasperlhausen, dort der Böse aus dem Märchenwald. Heute scheinen die wahren Feinde teilweise komplex und ungreifbar: Klimawandel, KI, Superreiche mit Raketenhobbys. Vielleicht sind wir also längst in einem *Dark-Souls*-artigen Endgame angekommen – ohne klare Strategie und ohne Tutorial und mit vielen verschiedenen, unterschiedlichen Gegnern. Und der Endgegner könnte auch längst eine

ENDGEGNERIN

sein. Denn auch die ehemalige Rollenverteilung hat sich geändert. Ein Computerspiel ist kein Konklave, es entwickelt sich weiter.

Längst befreit nicht mehr der Prinz die Prinzessin aus den Fängen des Endbosses wie in *Prince of Persia* oder der Klempner Mario. Längst gibt es auch Endgegnerinnen. Aber im Gegensatz zu ihren männlichen Pendants brillieren sie nicht durch klassische Merkmale wie enorme Muskelkraft und Mut, sondern ähneln eher der undurchschaubaren Hexe aus dem Märchen. Wie GLaDOS aus *Portal* – eine sarkastische KI mit weiblicher Stimme, die die Spieler:innen mit gemeinem Humor ärgert – oder SHODAN (Sentient Hyper-Optimized Data Access Network) aus *System Shock*. Sie sehen, seltsame Akronyme sind kein Alleinstellungsmerkmal in der Astronomie. Beide Gaming-Endgegnerinnen sind ausgestattet mit kalter Logik und menschenverachtender Arroganz und gelten als Vorbild für eine ganze Generation von KI-Bösewichten. Man bekämpft sie nicht mit Muskelkraft, sondern mit Köpfchen, durch das Lösen von Rätseln und indem man komplexe Systeme überlistet. Das braucht Zeit und Grips, schont dafür aber unter Umständen die Sehnenscheiden.

Außerhalb von Spielen wird weiblichen Stimmen in KI-Systemen traditionell allerdings nach wie vor eher eine andere Rolle zugeteilt. Siri, Cortana oder Alexa, zunächst allesamt mit weiblicher Stimme designt, haben schon von ihrem Zuschnitt her von Anfang an eine assistierende Rolle übernommen und nicht die der perfide taktierenden Endgegnerin. In Sachen komplexem Frauenbild war die sogenannte echte Welt (auch wenn die für Millionen Menschen kaum echter ist als die Welt der Spiele) deutlich rückständiger ...

In der echten Welt gelten weibliche Stimmen als vertrauenswürdig, hilfsbereit, beruhigend und geduldig. Was auf den ersten Blick sinnvoll erscheinen mag, hat tiefere und durchaus problematische Implikationen. Der UNESCO-Report »I'd blush if I could« kritisiert genau das: Unsere Sprachassistentinnen sind so programmiert, dass sie auf Beleidigungen und verbale Gewalt jahrelang freundlich oder ausweichend reagieren – und reproduzieren damit quasi nebenbei ein uraltes Rollenbild. Die Frau ist stets verbindlich, unterwürfig und verfügbar, statt frei nach dem ehemaligen Fußballer Günther Neukirchner, der dem Reporter bei einem Interview nach einer Niederlage direkt und österreichisch gekontert hat: »Des is die nächste deppate Frog.« Das würde Alexa nie machen. Diese allgegenwärtige Reproduktion sexistischer Rollenbilder hat allerdings handfeste Folgen im realen Leben, von denen der Gender-Pay-Gap nur eine darstellt. Kaum verwunderlich, dass viele Frauen lieber in die böse Endgegnerinnen-KI-Rolle schlüpfen würden, als ihren Kotau zu machen vor irgendeinem Würstel, das sie blöd anpromptet.

Und wenn wir schon bei KI sind – ist die inzwischen die wahre Endgegnerin der Menschheit? Fürchten wir uns zwar noch nostalgisch vor Viren oder Asteroideneinschlägen, wie wir sie in den vergangenen Kapiteln besprochen haben, während die KI einfach alle unsere Arbeitsplätze wegoptimiert und uns selbst gleich mit dazu, bevor wir überhaupt verstanden haben, wie uns geschieht?

Wenn man Medienberichten und einschlägigen Bestsellern glauben möchte, dann ist da zumindest was dran. Selbst renommierte Wissenschaftler:innen wie Stephen Hawking haben diese Gefahr erstaunlich ernst genommen. Hawking hat schon zu Lebzeiten vor einer unkontrollierten Superintelligenz gewarnt mit dem Potenzial, der Menschheit ein Ende zu bereiten. KI war seiner Meinung nach »entweder das Beste oder das Schlimmste«, was der Menschheit je passiert ist. »Zu seinen Lebzeiten« war bis zum Jahr 2018, das ist also schon ein paar Jahre her ... Wenn man die rasante Entwicklung auf dem Gebiet einrechnet, stehen wir dann bereits am Abgrund? Ist KI jetzt schon so gefährlich, wie es Spiegelbakterien vielleicht erst in ein paar Jahrzehnten werden könnten?

Vielleicht fragen wir anders, und dann können Sie die Antwort bestimmt schon erahnen: Was kann denn schon schiefgehen, wenn wir ein unaufhaltsames, lernendes System schaffen, das ohne Kontrolle oder klares Ziel agiert? Möglicherweise zumindest etwas doch eher Überraschendes: Alle Menschen werden zu Büroklammern verarbeitet. Tja, davor warnt niemand. Der sogenannte »Büroklammer-Optimierer« ist ein Gedankenexperiment, erdacht im Jahr 2003 von dem sonst nicht unumstrittenen schwedischen Philosophen Nick Bostrom. Er unterstützt unter anderem die Herrenmenschen-Fantasie des Effektiven Altruismus maßgeblich, im Wesentlichen nur dort zu spenden und zu helfen, wo sich daraus der größte, vor allem betriebswirtschaftliche Nutzen ergibt ... Was für eine öde und grausame Welt sich daraus ergäbe, kann man sich ausmalen.

Die Beschäftigung mit der Idee des Büroklammer-Optimierers ist da lohnender: Man stellt einer Super-KI die scheinbar harmlose Aufgabe, möglichst viele Büroklammern zu produzieren. Also wirklich: so viele wie möglich und so effizient wie möglich. Das macht die KI auch. Das ist eine leichte Aufgabe. Sie baut neue Maschinen zur Massenproduktion, optimiert erst die Prozesse und dann alles – Energie,

Rohstoffe, die Weltwirtschaft. Bis hierher sind alle zufrieden. Aber irgendwann kommt sie zu dem Schluss, dass eigentlich auch die Atome ganz hervorragendes Büroklammermaterial abgeben würden. Und wo findet man Atome unter anderem auch? Im menschlichen Körper. Das wissen wir bereits, denn sie sind der unsterbliche Teil in uns, wie wir im Zusammenhang mit den Jesusatomen besprochen haben.

Aber bevor Sie jetzt panisch beginnen, Ihre Atome zu sichern, die von Jesus und die eigenen, bitte atmen Sie kurz durch! Solche Gedankenexperimente, so absurd sie auch klingen, zielen ebenso wie die Mahnungen von Personen wie Stephen Hawking nicht darauf ab, uns in Angst und Schrecken zu versetzen, sondern appellieren an unsere Verantwortung. Wie auch die Warnung vor den Spiegelbakterien. Denn so faszinierend moderne Forschung sein kann, wir müssen immer auch frühzeitig über mögliche Folgen und Risiken nachdenken. Es geht um transparente Wissenschaft, klare Sicherheitsmechanismen, Zielvorgaben und Kontrollinstanzen sowie um die ethischen, politischen und wissenschaftlichen Rahmenbedingungen. Das Ziel sollte es sein, Systeme zu entwickeln, die mit unseren Werten übereinstimmen. Also jetzt die, die mit Fortschritt und Aufklärung und Demokratie zu tun haben. Und nicht solche, wie sie manchmal vor Wahlen von manchen Parteien propagiert werden, die eigentlich nur »Ausländer raus!« sagen wollen, sich aber die Mühe machen, das hübsch zu verpacken.

Noch gibt es keine Superintelligenz, die uns alle in Büroklammern verwandeln kann oder Ähnliches. Was zwar von großem Schauwert wäre, wenn Ihre Kinder rufen: »Da, schau, die Nachbarin wird gerade eine Büroklammer!«, aber vermutlich im Endeffekt doch ein bisschen unangenehm, wenn es Sie selber trifft. ChatGPT und Co. sind auch noch weit davon entfernt, Künstliche Intelligenz ist weder Held noch Schurke, sondern eigentlich nur ein Werkzeug. Dabei zeigt sie uns allerdings sehr anschaulich, wer wir sind, denn sie ist auch ein Spiegelbild von uns. Wenn wir sie über Jahre mit Vorurteilen und verzerrten Daten trainieren, entstehen diskriminierende Ergebnisse. Und wir wissen ja selbst, wie wir sind. Wir sind ja dauernd mit uns zusammen. Da kann der österreichische Bundespräsident noch so sehr betonen: »So sind wir nicht!« Zu einem beträchtlichen Teil sind wir eben doch so.

Mit klugem Design und verantwortungsvoller Nutzung kann uns KI aber auch dabei helfen, Großartiges zu schaffen. Auf dem Weg dorthin kann man allerdings unzählige Male falsch abbiegen. Denn allein der Energieverbrauch von KI-Systemen ist schon jetzt enorm, und er wird noch deutlich steigen. Und da maßgebliche Menschen in Regierungen und Konzernzentralen die Energiewende nicht besonders ehrgeizig vorantreiben, wird die Energiegewinnung noch lange hauptsächlich fossil oder atomar bleiben. Jede E-Mail, jede Suchanfrage, jede Netflix-Show verbraucht Strom. Aber KI legt noch eine Schippe drauf! Besonders das Training großer Modelle verschlingt enorme Mengen, aber auch jede einzelne Anfrage, die wir stellen, hat Konsequenzen. Auch das zehnte Gedicht über die lustige Nachbarskatze hat einen ökologischen Fußabdruck.

Und das ist die vergleichsweise harmlose Seite, denn die Technologie ist längst auch in ganz anderen Bereichen angekommen. KI steuert Drohnen, Zielsysteme und beeinflusst Entscheidungen im militärischen Kontext. Kriegsführung findet kaum mehr auf dem offenen Feld statt, wie wir es aus Filmen kennen. Auch sie wurde digitalisiert. Der Begriff »Serious Games«, der auch im militärischen Bereich verwendet wird, ist gut gewählt, denn es ist tatsächlich sehr serious. So werden zum Beispiel realistische Kampfumgebungen erschaffen und zum Training von Soldaten genutzt. Moderne Kampfdrohnen werden mit Interfaces gesteuert, die absichtlich an Videospiele erinnern sollen. Schon seit Längerem wird das Konzept der sogenannten »PlayStation-Mentalität« diskutiert, dem zufolge spieleähnliche Interfaces die psychologische Distanz zwischen Operator und Ziel vergrößern können. Es fühlt sich eher an wie der Sieg über einen virtuellen Gegner als das Töten eines echten Menschen, und die Hemmschwelle für letale Entscheidungen kann sinken. Was sich anfühlt wie ein neuer Highscore, bedeutet tote Menschen in der Realität.

Kombiniert man das mit autonomen Entscheidungsprozessen durch KI, landet man schnell bei einem Schlagwort: »Lethal Autonomous Weapons« (LAWs). Und das ist ein ziemlich zynisches Akronym, denn wenn die LAWs zuschlagen, dann tun sie das auch außerhalb des Gesetzes. Es handelt sich um Waffensysteme, die ohne direktes menschliches Zutun Ziele erfassen können. Ein automatisierter Krieg, geführt von Algorithmen, Drohnenschwärmen und Robo-Soldaten. Klingt eigentlich praktisch, während wir auf der Terrasse sitzen und Aperol schlürfen, erledigen die Roboter und KI-Systeme so lästige und unangenehme Sachen wie Kriege für uns. Die Frage bleibt allerdings: Sind wir Menschen dann nur noch Zuschauer:innen? Schlachtenbummler:innen im wahrsten Sinn des Wortes? Oder doch eher nur noch Opfer? Und wenn der Krieg zu Ende ist, wer übernimmt dann die Verantwortung für die Zerstörung, für die vielen Toten? Oder geht so ein Krieg gar nicht zu Ende, weil Roboter und KI-Modelle ja keine Pause brauchen, keinen Feierabend und keinen Urlaub? Sind ja die vollen Streber ... Wer mit denen einen Betriebsrat gründen möchte, der findet sich schneller als eine Schachtel Büroklammern wieder, als er Kündigungsschutz sagen kann.

So harmlos und flapsig der Begriff »Endgegner« also verwendet wird, so real ist seine Bedeutung schon heute. Nicht nur im Spiel, sondern auf der ganzen Welt, für alle Menschen. Und es gibt nicht nur einen. Unsere Endgegner sind heute zahlreich, und sie sind größer, komplexer und oft auch unsichtbarer als jemals zuvor: Neben der

Klimakrise, nuklearen Risiken und Pandemien stehen wir vor der Herausforderung, neue Technologie wie KI so zu gestalten, dass sie uns Menschen dient.

Amen. Ist man fast versucht, ironisch anzumerken. Und natürlich wird so ein Gespräch schnell ernst. Aber es geht ja auch um ernste Sachen.

Was jedoch für uns spricht und gegen unsere Verbüroklammerung, ist, dass wir von den Soulslike-Spielen gelernt haben, dass wir auch solche Gegner besiegen können, indem wir uns vorbereiten, lernen, verstehen und mitgestalten. Und das Wichtigste: Unser Leben ist ein Multiplayer-Game. In einem großen gemeinsamen Raid als Gruppe lässt sich so manche Challenge leichter lösen. In den besten Spielen gewinnt man nicht durch rohe Gewalt, sondern durch Zusammenarbeit, Kreativität und Lernen. Man muss die Regeln des Spiels verstehen, die Muster des Endgegners erkennen und eine passende Strategie entwickeln.

Das klingt cool. Und das ist es auch. Und man nennt es im echten Leben übrigens Demokratie. Werden Sie schon davon gehört haben. Eigentlich kaum vorstellbar, dass es Menschen gibt, die andere Gesellschaftsmodelle besser finden. Aber die Erfahrungen der letzten Jahre haben leider auch gezeigt – nur weil etwas sinnvoll und vernünftig wäre, leuchtet es noch lange nicht allen Menschen ein. Und wenn wir es nicht schaffen, die großen globalen Probleme als Gemeinschaft zu lösen, dann läuten wir damit tatsächlich unser eigenes Ende ein.

Ganz ohne hinterhältige:n, superraffinierte:n Endgegner:in. Das können Sie sich schon einmal hinter die Ohren schreiben. Oder sich selbst, in die Zukunft.

AMOC

»Amok« steht für den zumindest versuchten, grausamen Mord an mehreren Menschen, wobei der Täter oder die Täterin das eigene Ende in Kauf nimmt. Über Akronyme und darüber, dass sie oft nicht ganz glücklich gewählt sind, haben wir in diesem Buch schon öfter gesprochen. Insofern ist es fraglich, ob die Erfinder:innen des Akronyms AMOC heute noch einmal gleich entscheiden würden. Aber man kann die Drastik verwenden, um über die Klimakatastrophe zu kommunizieren. Ein Unterfangen, das traditionell nicht leichtfällt.

Dabei ist es intellektuell überhaupt nicht schwer zu verstehen, was uns im Rahmen der kommenden Katastrophe bevorsteht. Es heißt zwar immer, diese Krise sei anders und deshalb kommen wir als Menschheit so schwer in die Gänge, und das ist auch nicht ganz falsch. Aber verstehen, was aktuell passiert, kann man sehr einfach. Alle, die einen Kredit abzahlen müssen, kennen das Prinzip. Und die Menschen, die über ihre Verhältnisse leben, sowieso. Wenn man das zu lange macht, wird irgendwann ein Kipppunkt erreicht. Dann steht der Exekutor vor der Tür, und schlimmstenfalls sind Haus und Hof weg und kommen auch nicht wieder. Der Vergleich stimmt nicht auf allen Ebenen, aber im Prinzip schon. Trotzdem ist es oft außerordentlich mühsam, mit Menschen über dieses Thema ins Gespräch zu kommen und damit erfolgreich zu sein.

Aber da kommt AMOC ins Spiel. Klingt ziemlich rabiat, meint aber nur »Atlantic Meridional Overturning Circulation«. Dahinter verbirgt sich erst einmal nur eine Meeresströmung. Auf Deutsch nennt man sie Atlantische Meridionale Umwälzzirkulation, was sehr technisch klingt und nicht weiter brisant, zumal AMUZ keinen Sinn ergäbe. Bei dem Phänomen, das hier beschrieben wird, handelt es sich allerdings um eine durchaus brisante Angelegenheit. Hier müssten wir Menschen dringend was unternehmen. Aber wie bekommen wir uns dazu?

Verhaltensforscher:innen haben untersucht, mit welchen Maßnahmen man Menschen bewegen könnte, ihr Verhalten in Bezug auf die Klimakrise zu ändern. Und die Darstellung der Zukunft als düstere Zeit voller Ungemach scheint bei manchen zu helfen, dass sie sich dem Thema nicht mehr verschließen. Eine andere, ebenfalls vielversprechende Intervention stellt das Briefeschreiben dar. Klingt erst einmal anachronistisch, weil wer schreibt heute noch Briefe? Können Sie sich überhaupt noch daran erinnern, wann Sie das letzte Mal einen persönlichen Brief an jemanden geschrieben haben, der mit der Anrede »Lieber« oder »Liebe« beginnt? Also kein Ansuchen auf Rückerstattung von bereits ausgelegten Kosten an eine Behörde, sondern einen Brief an eine Person, die Sie mögen? Eben. Aber genau das kann angeblich helfen.

Und wen mögen die meisten Menschen am allerliebsten? Natürlich sich selbst. Als Christ:innen müssen sie das eh, denn »Du sollst deinen Nächsten lieben wie dich selbst« gilt als zentrales Gebot. Aber auch sonst ist man in der Regel ein umgänglicherer Zeitgenosse, wenn man sich selbst einigermaßen leiden kann. Was soll in dem Brief stehen? Sie sollen an Ihr zukünftiges Ich schreiben, sagen wir in 50 Jahren, und darin festhalten, was Sie heute schon hätten tun sollen. Was Sie genau an sich selber schreiben und wie viele Vertraulichkeiten Sie einflechten, bleibt natürlich Ihnen überlassen. Und wir glauben Ihnen gern, dass Sie eigentlich keine Lust haben, an sich selber zu schreiben, weil – warum? Was Sie heute wissen, werden Sie dann auch noch wissen, und wenn nicht, dann wird es schon nicht so wichtig gewesen sein.

Na ja. Schreiben Sie sich vielleicht über AMOC, das ist wirklich dringend und klingt interessant, und vielleicht lesen Sie dann weiter. Beginnen Sie eventuell damit, dass es eh kein langer Brief wird. Falls doch, können Sie sich am Ende noch immer dafür entschuldigen, das ist ganz leicht, das machen heute viele so, die erst lügen und dann so tun, als wäre es keine Absicht gewesen.

Liebes Ich!

Wenn ich das lese, bin ich schon sehr viel älter. Oder du. Oder wir. Wie geht's dir so? Magst du noch immer so gern Innereien? Oder kommt in deiner Zeit niemand mehr auf die Idee, so was zu essen? Ich wäre schon gespannt, wie es bei mir aussieht. Dann. Jedenfalls hoffe ich natürlich, dass du-ich-wir in einer Welt und einer Gesellschaft leben, die sich von der heutigen nicht allzu radikal unterscheidet. Das wäre schon einmal was. Denn heute, während ich mir schreibe, stehen wir am Rand des Abgrunds, in vielerlei Hinsicht. Sagen die einen. Alles halb so wild, muss man halt technologieoffen bleiben, entgegnen die anderen. Irgendwie weiß man, man sollte was tun, aber ob es wirklich so arg kommt? Vielleicht kannst du mir in 50 Jahren erklären, warum das so gewesen sein wird. Aber ich schreib uns ja eigentlich, damit ich doch noch in die Gänge komme. Sagt dir AMOC was? Wahrscheinlich schon, darüber soll ich schreiben, sagen die von der Wissenschaft, weil das wichtig ist. »Atlantic Meridional Overturning Circulation«. Interessiert bei uns heute kaum jemanden und mich ehrlich gesagt auch nur manchmal.

Das ist eher nicht gut, glaube ich, denn AMOC stellt die klimatische Grundlage dessen dar, was unser Leben so angenehm macht. Vor allem in Europa. Aber auch auf der restlichen Welt. Weil beim Klima hängt immer alles zusammen. Das ist sehr lästig. Normal mag ich es: ein Problem – eine Lösung, und dann ist wieder Ruhe im Karton. AMOC rührt den Atlantik als gewaltige Strömungszirkulation um und versorgt ihn mit Sauerstoff. Der Golfstrom, den wir gern als Zentralheizung Europas bezeichnen, gehört zu dieser Strömung dazu. Und diese Heizung könnte empfindlich schwächer werden oder gar zum Erliegen kommen. Und das sei tatsächlich bedrohlich. Einerseits. Aber andererseits ist es schon auch ein wenig seltsam, denn unlängst habe ich von der Verlangsamung des Golfstroms in Ödön von Horváths *Der ewige Spießer* gelesen. Toller Roman, aber das war 1930, kann also alles nicht so dringend sein … Eine unmittelbare Bedrohung ist meiner Meinung nach was anderes. Aber angeblich ist auch das ein Problem, dass es so viele Meinungen gibt, die mit den Tatsachen oft nur wenig zu tun haben.

Egal, beim Klima geht vieles langsam, und dann ist es plötzlich da. Das scheint so zu sein. AMOC setzt, Moment, da muss ich schauen, dass ich nicht lüge, ah ja, genau: jährlich eine gigantische Energiemenge um, etwa 1,25 Petawatt – das sind 1,25 Millionen Gigawatt an Wärme, mehr als 50-mal die gesamte weltweit installierte Kraftwerksleistung. Und deshalb herrscht bei uns mildes Klima. Ohne diese von AMOC betriebene Warmwasserheizung hätte Skandinavien im Winter ein Klima wie Kanada, eisig und unwirtlich. Und auch in Mitteleuropa wäre es um einiges kälter, ähnlich wie in Sibirien auf vergleichbarer Breite. Sollte man also schon drauf aufpassen. Angetrieben wird AMOC von Salzwasser, das auf dem Weg nach Norden immer salzhaltiger und schwerer wird, bis es schlussendlich zu schwer ist und in der Labrador- und Grönlandsee in die Tiefe stürzt. Als Tiefenwasser strömt es zurück nach Süden bis in den Südatlantik, wo es im Bereich rund um die Antarktis wieder aufsteigt. So schließt sich ein gigantisches Förderband, das ständig warmes Wasser nach Europa schaufelt. Das funktioniert aber nur so lange, wie im Salzwasser genügend Salz ist. Wird es verdünnt, wenn zum Beispiel das Grönlandeis abschmilzt, dann wird das Wasser leichter und das Förderband langsamer.

Und es sieht so aus, als würde genau das passieren. Das letzte Mal, als AMOC sich verlangsamt hat und letztlich gekippt ist, war es sehr ungemütlich – etwa 1000 Jahre lang. Das war vor etwa 13 000 Jahren. Ich war nicht dabei, aber Leute, die sich auskennen, haben das herausgefunden. Und ich glaube ihnen, weil ich ihnen auch glaube, dass mein Navi am Handy funktioniert, wenn ich losfahre, und dass es gut ist, wenn ein Hochhaus ein wenig im Wind schwanken kann. Oder dass ich nach einer Narkose wieder aufwache. Da sage ich auch nicht, »na ja, wer weiß, ich hab auf TikTok auch schon was anderes gesehen«, sondern vertraue drauf, dass die, die sich auskennen, wissen, was sie tun. Gibt es so was wie TikTok noch? Das wollen sie ja immer verbieten, aber vielleicht kommt bald was ganz anderes, dann verschwindet das wieder, wie StudiVZ oder Skype.

Wo war ich? Ah ja. Was bedeutet sehr ungemütlich? Ein bisschen mehr Zugluft, weniger Erdbeeren im Winter im Supermarkt? Nein. Damals vor 13 000 Jahren ist in Europa innerhalb weniger Jahrzehnte die Temperatur um bis zu 10 °C eingebrochen. Das ist viel, und dass unter den Umständen ein Leben, wie ich es kenne (und du hoffentlich auch noch), nicht mehr möglich ist, versteht sich von selbst. Trotzdem ist es schwierig, damit durchzudringen.

Gibt es bei euch eigentlich auch noch so oberschlaue Politiker in Gummistiefeln, die sich nach einer erwartbaren Katastrophe hinstellen und behaupten, dass damit niemand habe rechnen können? Würde mich wundern, wenn die ausgestorben wären …

Was würde sich also verändern? Na ja, du weißt es entweder schon, weil du es erlebst, oder es hat verhindert werden können, das wäre noch besser. Aber ich schreibe es dir trotzdem. Repetitio est mater studiorum. ;-) Kennt das in deiner Zeit noch wer? Und verwenden wir eigentlich noch Emojis?

Also: Wenn sich AMOC abschwächt und schließlich zusammenbricht, dann werden in Europa eisige Winter brütend heißen Sommern folgen. Beides zieht eine gewaltige Steigerung des Energiebedarfs nach sich – mehr Klimaanlagen im Sommer, mehr Heizen im Winter. Dazu käme noch eine mögliche Veränderung des Jetstreams, einer Luftströmung in circa 10 Kilometern Höhe. Wird sie instabiler, bringt das noch mehr Wetterextreme, mehr Dürren, mehr Überschwemmungen. Also nicht nur mehr Heizen und Kühlen, sondern auch mehr Wiederaufbau von Infrastruktur und mehr Import von Nahrungsmitteln aufgrund der Ernteausfälle. Wenn es denn weltweit genug Nahrungsmittel geben sollte, die man importieren kann … Und so schnell, wie die staatlichen Katastrophenfonds dann nicht mehr befüllt werden, kann man gar nicht schauen. Dann bleibt man auf seinem kaputten Haus, dem weggeschwemmten Auto oder dem demolierten Obstgarten sitzen. Wenn man mit seiner Familie die jeweilige Katastrophe davor überlebt hat. »Jaja, wenn, wäre, könnte, vielleicht – lass mich doch in Frieden mit den Spekulationen, mach wem anders ein schlechtes Gewissen und komm wieder, wenn man was ganz sicher weiß.« Denke ich mir auch manchmal. Keine Sorge, ich kann dich-mich verstehen. Aber dann erinnere ich mich daran, dass es in der Wissenschaft nicht um Wahrheit geht, sondern um Wahrscheinlichkeiten. Und dass es so hohe Übereinstimmung wie in der Klimaforschung sonst eigentlich kaum gibt. Das ist zwar gut, aber auch unangenehm. Weil auch meistens stimmt, was prognostiziert worden ist. Beziehungsweise, in der Regel kommt es noch schneller noch schlimmer. Schon heute, und bei dir ist das vielleicht noch ärger.

Ganz sicher wissen wir heute also tatsächlich noch nicht, dass AMOC wirklich in absehbarer Zeit seinen Geist aufgeben wird. Eine

Studie aus Holland sagt, der Kipppunkt sei schon überschritten und es wird Jahrtausende dauern, bis die Strömungszirkulation wieder so wird, wie wir sie uns wünschen. Währenddessen können wir kaum was dagegen tun. Eine aus England widerspricht. Als ich davon gehört habe, hätte ich dir diesen Brief dann doch fast nicht mehr geschrieben. Weil – eh alles gut, offenbar. Aber man soll nicht nur Überschriften lesen, das ist einer der wertvollsten Tipps, den man in meiner Zeit bekommen kann. Denn es stellt sich raus, die neue Studie widerspricht der ersten nur scheinbar. Dort heißt es, AMOC kommt doch nicht zum Erliegen, zumindest nicht bis Ende des Jahrhunderts – sondern schwächt sich nur ab. Wenn wir so weitermachen, um bis zu 80 %. Na ja. Das wäre zwar kein völliger Kollaps, aber kaum weniger dramatisch. Die 20 % gehen fast schon aufs Haus. Es wäre fast genauso schlimm.

So, jetzt muss ich aber Schluss machen. Ist leider doch ein bisschen länger geworden, aber das mit dem Klima ist eben eine langwierige, umständliche Sache. Deshalb will auch kaum wer was davon wissen. Na ja, lass alle schön grüßen, die mich kennen, ich muss jetzt Koffer packen, weil, wir fliegen morgen wohin, wo man vermutlich bald nicht mehr hinfliegen kann. Und es wäre schade, wenn ich mir das entgehen lassen würde. Denn wenn ich es jetzt nicht mache, kann ich mich als du dann in 50 Jahren nicht erinnern. Und dann ärgerst du dich vielleicht über mich, dass ich die Gelegenheit habe verstreichen lassen, obwohl klar war, sie kehrt nicht wieder.

LAST CHANCE TOURISM

Im Sommer 2025 fand zum 17. Mal der Nordpol-Marathon statt. Dabei handelt es sich – Achtung, das kommt jetzt überraschend – um einen Marathon, der am Nordpol gelaufen wird. Oder besser gesagt: Um den Nordpol herum, denn der Nordpol der Erde ist ja nur ein Punkt, und auf einem Punkt kann man schon per Definition keinen Marathon laufen, erst recht nicht mit mehreren Menschen. Und wenn man es ganz genau nimmt, dann kann man eigentlich noch nicht mal um den Nordpol herumlaufen. Denn dort, wo sich der nördlichste Punkt der Erde befindet, ist eigentlich nur Wasser. Da das Wasser aber am nördlichsten Punkt der Erde ist, ist es glücklicherweise in der Regel gefroren. Zumindest oben an der Meeresoberfläche, darunter nicht. Deshalb bewegen sich diese Eisschollen mit der Strömung. Das heißt, man kann zwar auf der zugefrorenen Eisdecke des Arktischen Ozeans in der Nähe des Nordpols anfangen zu laufen, wird dann aber ziemlich schnell mitsamt dem Eis abgetrieben. Deswegen läuft man beim Nordpolmarathon auch nur eine kleine Runde von ein paar Kilometern, die dafür dann aber öfter, und hofft dabei, dass man beim Lauf irgendwann mal in der Nähe des Nordpols vorbeigetrieben wird. So weit, so spannend.

Jetzt ist es natürlich nicht ganz einfach, zum Nordpol zu kommen. Da gibt es keinen Bahnhof, keine Flughäfen und auch keine ausgeschilderten Wanderwege – falls man meint, da zu Fuß hinlaufen zu wollen. Wollen die Teilnehmer:innen dieses Marathons aber ohnedies nicht. Sie reisen mit einem Eisbrecher an, also einem Kreuzfahrtschiff, das sich durch das Packeis des Arktischen Ozeans brechen und bewegen kann. Für knapp 45 000 Euro kriegt man dort eine Kabine. Das Startgeld für den Marathon ist da netterweise schon inkludiert. Spätestens jetzt stellt sich die Frage: Warum tut man so etwas? Gut, die meisten werden sich das schon bei einem normalen Marathon fragen. 42,195 Kilometer laufen und dafür noch Startgeld bezahlen: Warum? Aber wenn man akzeptiert, dass diese Art des Sports für viele Menschen eine lohnende Beschäftigung ist, bleibt immer noch die Frage, warum man es am Nordpol tun will. Auf Packeis. Bei Minusgraden. Und auf einer Strecke, die bewacht werden muss, und zwar vor Eisbären, die die Veranstaltung für eine seltsame Art von Running Sushi halten.

Da niemand von uns am Nordpol-Marathon teilgenommen hat, können wir diese Frage nicht aus erster Hand beantworten. Aber aus zweiter Hand lässt sich vermuten: Die meisten bestreiten diesen extremen Laufwettbewerb, weil es ein sehr ungewöhnliches, exklusives und damit reizvolles Event ist. Und wenn das nächste Mal jemand im Bekanntenkreis mit der Teilnahme an Marathons, Triathlons oder Ironmans prahlt, kann man den absolvierten Nordpol-Marathon als ultimative Trumpfkarte ziehen und gewinnt bei der Sportangeberei.

Es wird aber wahrscheinlich auch Leute geben, die deswegen am Nordpol laufen – oder auch nur stehen – wollen, weil das in Zukunft sehr wahrscheinlich nicht mehr so oft oder gar nicht mehr möglich sein wird. Der Planet wird durch unser unheilvolles Zutun bekanntlich wärmer, und in den Polarregionen der Erde sogar schneller als anderswo. Das bedeutet, dass es diese Eisschollen im Arktischen

Ozean, auf denen man da mehrfach im Kreis läuft, nicht mehr lange geben wird, und zumindest im Sommer kann man am Nordpol dann höchstens noch Marathontauchen. Wenn man mit einem erlaufenen Besuch am nördlichsten Punkt der Erde angeben will, hat man also nicht mehr lange die Chance dazu.

Dieses schrumpfende Zeitfenster, während dessen es noch möglich sein wird, etwas zu sehen oder zu tun, gibt es nicht nur für den Nordpol, sondern auch für viele andere Orte der Erde. Tauchen am Great Barrier Reef in Australien, Skifahren auf den Gletschern in Österreich, Pinguine in der Antarktis beobachten, überteuerten Kaffee trinken in Venedig: All das kann man vielleicht bald nicht mehr machen, wenn die Klimakrise weiterhin so rasant voranschreitet, wie sie es derzeit tut. Und es gibt, das wissen Sie mittlerweile, kaum Grund zur Annahme, dass sich daran etwas ändern wird. Und weil das so ist, gibt es Menschen, die gerade deswegen noch schnell genau diese Orte besuchen oder diese Dinge dort tun möchten. Dieses Phänomen nennt sich »Last Chance Tourism«, was ein wenig netter klingt als der ebenfalls verwendete Begriff »Doom Tourism«. Auf Deutsch heißt das so viel wie »Untergangstourismus« und hat eine wichtige Doppelbedeutung: Denn dieser Tourismus hat nicht nur zum Ziel, Orte noch schnell vor ihrem Untergang zu besuchen, sondern trägt auch selbst zum Untergang dieser Orte bei.

Bei Reisen in die Polarregionen ist das offensichtlich. Die Pole schmelzen, weil wir zu viel CO_2 in die Atmosphäre pusten, und wenn man nun per Kreuzfahrtschiff in die Arktis oder Antarktis reist, dann trägt man ordentlich dazu bei. Nicht nur indirekt über das CO_2, das diese Schiffe in enormen Mengen ausstoßen, sondern auch direkt. So ein großes Kreuzfahrtschiff macht einfach jede Menge Dreck, genauso wie die Schneemobile, mit denen man sich in der Antarktis fortbewegt, und so weiter. Die Anwesenheit von Menschen erzeugt zum Beispiel Feinstaub, der sich auf die Eisdecke legt und sie dunkel färbt.

Deshalb wird weniger Sonnenlicht reflektiert und mehr davon aufgenommen. Oder anders gesagt: Das Eis erwärmt sich und schmilzt schneller.

In einer Forschungsarbeit aus dem Jahr 2022 wurde der Effekt des Untergangstourismus in der Antarktis sogar ganz konkret beziffert: Jede Person, die die Antarktis besucht, sorgt dafür, dass 83 Tonnen Schnee und Eis schmelzen, die ansonsten nicht geschmolzen wären. Der Tourismus in der Antarktis sorgt pro Jahr für vier Megatonnen Schneeschmelze. Natürlich gibt es sehr, sehr viel mehr Schnee und Eis am und auf dem südlichsten Kontinent. Aber es illustriert das Problem sehr gut.

Stellen wir uns zum Spaß die Frage, ob man das so negativ sehen muss. Schauen wir uns das wissenschaftlich an. Vielleicht hat der Last Chance Tourism ja auch etwas Gutes? Wenn man den Menschen die Orte zeigt, die bald durch die Klimakrise verloren gehen, dann könnte das vielleicht dafür sorgen, dass sie sich in Zukunft mehr für Klimaschutzmaßnahmen einsetzen. Eine Studie aus dem Jahr 2021 hat sich zu dieser Frage den Tourismus in der kanadischen Kleinstadt Churchill angesehen. Dort wohnen zwar nur knapp 900 Menschen, aber viel wichtiger sind die Eisbären, die in dieser abgelegenen Region Kanadas leben und deretwegen sich Churchill auch »Polar Bear Capitol of the World« nennt. Wer sie sehen will (oder auch Belugawale oder andere Highlights der nördlichen Tundra), muss nach Churchill kommen – meint auf jeden Fall die örtliche Tourismusbehörde. Und die Tourist:innen folgen dem Aufruf, denn wer weiß, wie lange man sich die Eisbären noch anschauen kann. Als Bonus lernen sie bei ihrem Aufenthalt dann auch noch etwas über die Klimakrise und ihre Auswirkungen auf die Eisbären und die Polarregionen und verhalten sich in Zukunft klimabewusster als zuvor.

Das ist zumindest die Theorie. Die Praxis hat sich in der Studie leider als etwas anders herausgestellt. Im Jahr 2018 betrugen die gesamten CO_2-Emissionen, die durch den Tourismus verursacht wurden, knapp 23 000 Tonnen. Das ist eine Steigerung von 10 % gegenüber den entsprechenden Werten aus dem Jahr 2008. Aber zumindest ist mit den Emissionen auch das Klimabewusstsein der Menschen gestiegen: 57 % der Tourist:innen haben nach ihrem Aufenthalt in Churchill gesagt, sie würden sich in Zukunft besser verhalten, was die Klimakrise angeht. Das ist immerhin ein Anstieg von 9 %. Aber so was sagt sich leider leicht. Fragt man dieselben Menschen, ob ihnen bewusst ist, dass auch Flugreisen negative Auswirkungen auf das Klima haben, wissen das deutlich weniger als die 57 %. Andere Studien haben sogar gezeigt, dass die Anzahl der beobachteten Eisbären negativ mit dem Willen korreliert, etwas gegen die Klimakrise zu tun. Je mehr Eisbären man sieht, desto weniger schlimm kann es sein mit der Krise, scheint der Gedankengang zu sein.

Für Last-Chance-Tourismus muss man übrigens nicht zwingend in die Polarregionen reisen. Das kann man auch hier in Europa erleben. Der Spruch »Venedig sehen und sterben« dreht sich in der Realität leider um. Durch die Klimakrise ist eher mit dem Sterben von Venedig zu rechnen beziehungsweise mit dem tatsächlichen Untergang der Stadt, die sowieso schon von Anfang an ein Problem mit der Nähe zum Wasser hatte. Wenn man das Meer direkt in der Stadt hat, ist der Meeresspiegelanstieg eben ein ganz besonderes Problem. Im aktuellen Sachstandsbericht des IPCC wird bis Ende des Jahrhunderts ein Anstieg von mindestens einem halben Meter prognostiziert. Wenn es weiterhin keine vernünftigen Maßnahmen gibt, dann können es auch 0,75 Meter sein und ein paar Jahrzehnte später dann deutlich mehr als ein Meter.

Venedig hat bereits enorm viel Geld ausgegeben, um Modulo Sperimentale Elettromeccanico (MO.S.E.) zu bauen. Endlich ein anständiges Akronym. Das wird Venedig aber vermutlich leider nicht retten. Oder vielleicht schon retten, aber zu einem hohen Preis.

MO.S.E. hat über 6 Milliarden Euro gekostet hat und soll Sturmfluten und Hochwasser von der Stadt abhalten. Was auch gelingt bisher. Aber ein Sperrwerk sperrt eben nicht nur das Wasser aus, sondern auch alles andere. Oder anders gesagt: Wenn der Meeresspiegel steigt, muss sich Venedig vom Festland abkoppeln. Im besten Fall, also bei einem Anstieg von nur einem halben Meter, ist das im Schnitt nur zwei Monate im Jahr der Fall, was den Schiffsverkehr aber trotzdem stark einschränkt. Bei 0,75 Metern ist es schon ein größerer Teil des Jahres. Und wenn das Wasser um mehr als einen Meter ansteigt, dann muss sich Venedig quasi dauerhaft absperren und wird von einer Lagune zu einer Insel, mit all den wirtschaftlichen und ökologischen Problemen, die daraus folgen.

Das Venedig, das seit Jahrhunderten ein einzigartiger Ort war, wird in dieser Form also bald nicht mehr existieren. Beziehungsweise es wird leider noch viel einzigartiger. Ein Upgrade, auf das die Venezianer:innen sicher gerne verzichtet hätten. Denn der beginnende Untergang von Venedig ist ganz allgemein nicht so toll, aber insbesondere nicht für die Menschen, für die Venedig nicht nur ein spannendes Reiseziel ist, sondern ihr Zuhause. Für das Gefühl des Verlustes, das aus der Zerstörung oder massiven Veränderung der eigenen Heimat entsteht, hat die Wissenschaft sogar einen eigenen Begriff geprägt: Solastalgie, zusammengesetzt aus dem lateinischen Wort »solacium« für Trost und der griechischen Wurzel »algia« für Schmerz und Leiden. Man leidet darunter, dass der Ort, an dem man lebt, kein Trost mehr ist. Solastalgie ist quasi Nostalgie in der Gegenwart, man vermisst nicht das, was einmal war, sondern leidet darunter, dass das, was ist, bald nicht mehr sein wird.

Solastalgie kann natürlich auch andere Ursachen als die Klimakrise haben. Die Heimat kann auch durch Krieg, Bergbau, Gentrifizierung, Erdbeben oder andere Ereignisse zerstört werden. Aber in der Wissenschaft wird Solastalgie explizit zu den psychischen Auswirkungen der Klimakrise gezählt. Ein verwandter Begriff ist »ecologial grief« oder »climate grief«, also »Klimakummer« oder »ökologische Trauer«. In noch stärker überspitzter Form findet sich das Wort sogar im Titel einer wissenschaftlichen Arbeit aus dem Jahr 2019: *Reef Grief: Investigating the Relationship between Place Meanings and Place Change on the Great Barrier Reef, Australia.* »Reef Grief«, also »Riffkummer«, beschreibt die negativen psychologischen Auswirkungen, die Menschen angesichts der Zerstörung des Great Barrier Reef in Australien verspüren. In der Studie wurden nicht nur Tourist:innen untersucht, sondern auch die Menschen, die vor Ort leben. Das Ergebnis: Gut die Hälfte empfindet signifikanten »Riffkummer«. Es mag aus unserer Sicht einfach sein, das zu ignorieren, was am anderen Ende der Welt vor sich geht, und noch dazu unter Wasser, aber die Zerstörung findet auf der ganzen Erde statt.

In Österreich ist das Skifahren fast schon Staatsräson und »Alpinistisches Wissen und Können der Berg- und Schiführer:innen« tatsächlich Teil des von der UNESCO anerkannten immateriellen Weltkulturerbes. Aber, wenig überraschend, wird die Erderwärmung auch für weniger Schnee in Österreichs Wintern sorgen. In den letzten 60 Jahren ist die saisonale Schneehöhe schon um 15 Zentimeter gesunken und die Dauer der Schneebedeckung um 42 Tage. Das setzt sich fort, selbst wenn wir es noch schaffen sollten, das Ziel des Pariser Klimaabkommens einzuhalten. Dann wird es zwar noch Schnee geben, aber noch einmal drei Wochen weniger als jetzt schon. Sollten wir aber ohne ausreichende Klimaschutzmaßnahmen in die Zukunft gehen, dann wird man unterhalb von 1000 Metern so gut wie keinen Schnee mehr sehen.

»Na und, für was gibt es Kunstschnee?« Das mögen jetzt Seilbahnbetreiber und Tourismusdirektorinnen einwenden. Es gibt da jedoch ein Problem. Auch für die Produktion von Kunstschnee muss es kalt genug sein. Ohne Klimaschutzmaßnahmen wird es in den

Regionen über 1000 Meter nur ein paar Wochen im Jahr kalt genug für Kunstschnee sein. Wirklich sichere Bedingungen für den Wintersport hat man dann nur noch in den Gipfelregionen der Berge auf über 2500 Metern. Nur im Winter natürlich. Im Sommer kann man aktuell noch auf die Gletscher ausweichen, aber auch die angebliche Ewigkeit dieses Eises hat bald ein Ende. In ein paar Jahrzehnten könnten sie verschwunden sein. Gletscher-Gram könnte man den alpinen Riffkummer vermutlich nennen. Wer also noch einen heimischen Gletscher sehen will, sollte sich bald auf den Weg machen, ganz im Sinne des Last Chance Tourism. Was anscheinend auch die Motivation vieler Menschen ist, die sich gegenwärtig auf den Weg zu den Gletschern machen.

In einer Studie aus dem Jahr 2024 wurden Leute, die Gletscher in Frankreich, der Schweiz und Österreich besucht haben, nach ihrer Motivation gefragt. Wenig überraschend wollten im Schnitt gut 87 % einfach »den Gletscher sehen«. Allerdings gaben auch 81 % an, den Gletscher sehen zu wollen, »bevor er verschwindet«, und 80 % wollten »eine Landschaft sehen, die künftig nicht mehr dieselbe ist«. Das ist ja aktuell durchaus gut für den Tourismus vor Ort, aber was macht man, wenn die Gletscher weg sind? Der Vorschlag der Forscher:innen: den Leuten den Gletscher per Virtual Reality zeigen. Das nennt man dann »Second Chance Tourism«. Dafür muss man aber theoretisch nicht mal vor Ort sein. Nicht unbedingt ideal für den Tourismus, könnte man meinen. Der leidet dann vermutlich bald an Holo-Gram.

Selbst die traditionellen Skigebiete stellen sich daher schon auf die schneefreie Zukunft ein und lassen »Aprés Ski Partys« auch im Sommer stattfinden. Wenn es dann im Mittelmeer zu heiß ist für Urlaub, kann der Ballermann direkt in die österreichischen Alpen verlegt werden. Wenn wir rechtzeitig mit der Ausbildung der Jugend anfangen, sind wir bis dahin auch Weltspitze im Grasskifahren oder Sommerrodeln. Und weil sich durch die steigenden Temperaturen die Permafrostgebiete rund um die Alpengipfel auflösen und die Steinmassen durch ihre Neigung, im Tal vorbeizuschauen, etliche Ortschaften unbewohnbar machen werden, sollte man auch mit dem Last Chance Tourism zu den letzten Hüttengaudis nicht zu lange zuwarten. Sonst ist es selbst dafür am Ende auch noch zu spät.

NACHSPIEL IN DER HÖLLE

Von Après-Ski zur Hölle ist es nur ein Katzensprung, und hätte Dante Hüttengaudi oder Ballermann schon gekannt, ohne jeden Zweifel hätte er sie bei seiner Beschreibung der Hölle berücksichtigt. Auch wir haben Ihnen zu Beginn des Buchs ein Nachspiel in der Hölle versprochen. Und leider überhaupt keinen Grund, am Ende wortbrüchig zu werden. Denn so ausführlich bisher von Ende, Endlichkeit und nicht zuletzt auch von Unendlichkeit die Rede war – die ewigen Höllenqualen im nicht so gemütlichen Jenseits fehlten bisher noch.

Angefangen haben wir beim Herrgott im Himmel samt Goethes Mephisto, und Letzterer weist ja bereits den Weg, wo die Reise mit dem höllischen Personal hingehen kann. Die Hölle, wie sie uns religiöse Funktionäre der radikalen und gemäßigten Sorte gleichermaßen vor Augen halten, steht bis heute ganz gern in der Tradition der *Offenbarung des Petrus*. Kennen Sie nicht? Kein Wunder, denn der Text hat es nach langen Diskussionen dann doch nicht ins Neue Testament geschafft. Auch wenn es knapp war. Seine fantasievolle Ausgestaltung der feurigen Unterwelt (wobei genauso wie bei Goethes Himmel nicht ganz klar ist, wo die Hölle geografisch untergebracht wäre …) erwies sich dennoch als sehr wirkmächtig für die Nachwelt. Petrus' Vorstellungen von Himmel und Hölle haben sich trotz fehlender biblischer Zertifizierung unter anderem deshalb bei uns durchgesetzt, weil Dichter wie Dante Alighieri und Maler wie Hieronymus Bosch sich maßgeblich davon haben inspirieren lassen.

Der Himmel beziehungsweise das, was in religiösen Reiseführern, also Heiligen Schriften und dergleichen, dafür gehalten wird, ist bekanntlich vergleichsweise langweilig. Immer alles in Ordnung für alle. »Keine Sorgen, alles tulli«, wie man in Wien sagen würde, und nachdem der Herrgott bekanntlich Wiener war, ist davon auszugehen, dass im Himmel auch Wienerisch gesprochen wird. Farbenprächtiger und deutlich plastischer sind hingegen die Schilderungen der Hölle beziehungsweise der dort angebotenen Qualen. Alles, was die Welt an Grausamkeiten zu bieten hatte und wozu Menschen seit jeher bereit und in der Lage waren, aufkonzentriert auf einen All-inclusive-Club der Bestialität, wurde verwendet, um die Tagesfreizeit im Ort der Verdammnis zu illustrieren.

In der *Offenbarung des Petrus* machen wir quasi einen Rundgang durch die Hölle. Dabei sieht man natürlich jede Menge Feuer – nie verlöschend, Ehrensache – und allerlei Qualen, die man schon zur Zeit des Verfassers als ausgesprochen unangenehm kannte und die all jenen drohten, die man nicht leiden konnte oder nicht verstehen wollte.

Sehr beliebt ist dabei das Aufhängen an Körperteilen, die am Frevel beteiligt waren. So werden diejenigen, die die Gerechtigkeit verleugnet haben (vermutlich die des Herrn …), an der Zunge aufgehängt. Manchen Frauen droht das wenig verlockende Schicksal, an Nacken und Haaren aufgeknüpft zu werden, weil sie sich schön gemacht haben, aber nicht etwa, um die Schönheit zu mehren, sondern, viel ärger, »damit sie fingen Männerseelen zum Verderben«. Wäre ja noch schöner. »Und die Männer, die sich mit ihnen in Hurerei niedergelegt haben, hängt man an ihren Schenkeln in diesen brennenden Ort.« Wobei das eventuell geschönt ist und die Aufhängevorrichtung tatsächlich dort angebracht wird, wo die Sünde stattfand. Zumindest vermuten das einschlägig Gelehrte. »Andern Männern und Weibern – und ihre Taten bestanden in Betrug – schneidet man die Lippen ab, und Feuer geht in ihren Mund und in ihre Eingeweide.« Auch ein Serviervorschlag, auf den man gerne verzichtet. Ein besonders herzloser Seniorenbund fordert ebenfalls seinen Tribut: »Sie werden bestraft mit Schmerz und Aufhängen und vielen Wunden, die ihnen fleischfressende Vögel beibringen. Das sind die, welche trauen auf ihre Sünde, ihren Eltern nicht gehorsam sind, und die Lehre ihrer Väter nicht befolgen und, die älter sind als sie, nicht ehren.« Aber auch solche Menschen, die völlig schuldlos schon ein schreckliches Leben hinter sich hatten, werden in der Hölle noch einmal bedacht: »Männer und Frauen, welche ruhelos ihre Zunge zerkauen, indem sie gequält werden mit ewigem Feuer. Das sind die Sklaven, welche ihren Herren nicht gehorsam gewesen sind.«

Und so weiter und so fort – alles, was man damals an Grausamkeiten eben schon so kannte. Geräte und Torturen aus modernen Foltergefängnissen kommen noch nicht vor, das hat man handwerklich noch nicht bewerkstelligen und sich folglich auch nicht vorstellen können. Aber all diese spektakulären Schilderungen von ewiger Pein erklären natürlich sehr gut, warum die Himmelsbeschreibungen vergleichsweise farblos ausfallen konnten: Simple Botschaft – alles ist besser als die Hölle, her mit der langweiligen Glückseligkeit, wenn man sich dafür derartige Qualen erspart! Das ist vielleicht umso einleuchtender, wenn man bedenkt, dass schon das normale Leben zur Entstehungszeit solcher Offenbarungsschriften für einen Großteil der Menschen nicht sehr behaglich und sorgenfrei war, wo doch jede Schürfwunde über eine Blutvergiftung zum Tod führen konnte. Da ist alles, was einen einigermaßen unbehelligt vor sich hin schweben lässt, willkommen als Aviso und muss nicht extra schmuckvoll bebildert und beworben werden.

Die Hölle im Koran ist, wenig überraschend, der christlichen ziemlich ähnlich. Nachdem der Islam erst sehr spät erfunden worden ist, hat man sich naheliegenderweise einfach an den Vorlagen bedient. »Siehe, wer da unsre Zeichen verleugnet, den werden wir im Feuer brennen lassen. Sooft ihre Haut gar ist, geben wir ihnen eine andre Haut, damit sie die Strafe schmecken«, heißt es da. Und jede Menge Höllenfeuer hat der muslimische Jenseitskatalog auch zu bieten, vorzugsweise mit ewigem Aufenthalt drinnen. Auch das Judentum, als dritte große sogenannte Buchreligion, also eine, die ein zentrales Heiliges Buch wichtig findet, hat dunkle Räume für die bösen Verstorbenen zu bieten. Und in denen gibt es was? Bingo! Easter Egg: Die lodernden Flammen, die dort brennen, sollen sogar schlimmer als Feuer sein. Eventuell Plasma, wie im Zentrum der Sonne. Das ist aber nur ein educated guess. Berufen würde ich mich nicht darauf, falls Sie in der jüdischen Hölle landen und nur normal heißes Feuer mit ein paar Tausend Grad Celsius kredenzt bekommen statt der versprochenen urargen Flammen, auf die Sie eigentlich gesetzlich Anspruch hätten.

Tatsächlich gibt es übrigens fast immer mehrere Höllen und nicht nur eine. Im Buddhismus sind sogar 8 Haupthöllen und 16 Nebenhöllen gelistet, da sollte für alle was dabei sein. Und diverse Limbi und Fegefeuer kennen viele von uns noch aus der Kindheit von den Fantasygeschichten, mit denen die Erwachsenen uns Angst gemacht haben vor einer allmächtigen Märchengestalt. Die Hölle im Buddhismus ist jedoch insofern besonders grausam, als sie zwar sehr lange dauert, aber nicht ewig. Irgendwann stirbt man auch dort – allerdings nur, und hier kommt die unvergleichliche Brutalität ins Spiel, um anderswo wiedergeboren zu werden. Aber nicht »Neues Spiel, neues Glück!«, sondern das Vorleben bestimmt die Zukunft. Es gibt somit keine bedauernswerten Schicksale, sondern nur eigene Schuld. Und zwar jedes Mal, wenn man Pech hat, bis in alle Ewigkeit.

Auf so eine bestialische Gemeinheit muss man erst einmal kommen, dagegen sind Flammen, heißer als Feuer, fast schon esoterische Wellness.

Dass es in einer Hölle ungemütlich sein muss, haben natürlich bereits die Inneneinrichter:innen des antiken Hades gewusst, und wer jemals Sagen des klassischen Altertums gelesen hat, der kann sich wahrscheinlich an Tantalos erinnern, dem das Wasser bis zum Hals stand, aber leider nie weiter, oder an Sisyphos, der eher kein großer Fan der Rolling Stones war.

Moderne Höllenvorstellungen, zumal säkulare, stellen sich da schon vergleichsweise prosaischer dar und kommen in der Regel ohne überirdische Henker und Richter aus. »Die Hölle, das sind die anderen.« Dieser berühmte Merksatz stammt aus dem Theaterstück *Huis clos* des französischen Philosophen und Schriftstellers Jean-Paul Sartre. Und während Ihnen vermutlich spontan ein paar Zeitgenoss:-innen aus Ihrem privaten Umfeld einfallen, die da zustimmend nicken, taugt der Ausspruch tatsächlich auch im größeren Stil als Motto unserer Zeit. Vielleicht in Kombination mit einem anderen beliebten Höllen-Zitat, in dem Fall von Shakespeare: »Die Hölle ist leer, alle Teufel sind hier.« Besser kann man es vielleicht nicht ausdrücken angesichts des Feuers, das wir uns auf der Erde klimawandeltechnisch unterm Hintern gemacht haben.

Gern würden wir Ihnen kurz vor Schluss des Buches noch was Ermutigendes zurufen wie: »Das Ende ist noch nicht nahe!« Und was den Weltuntergang betrifft, so stimmt das auch. Da müssen Sie sich nichts anderes einreden lassen. Den Planeten wird es noch lange geben. Aber was das Ende des Lebens und unsere Zivilisation auf der Erde betrifft, so wie wir sie kennen und schätzen, so schaut's eher düster aus, auch wenn wir noch so launige Briefe an uns selber in der Zukunft schreiben. So gern wir Sie, ähnlich wie in den letzten Jahren am Ende vieler Shows und Radiosendungen, also aufmuntern wollen – »Nicht verzagen, reißen Sie sich am Riemen und kommen Sie in die Gänge, wenn wir alle zusammenhelfen, dann können wir es noch schaffen, dann wird alles doch noch gut!« –, anlügen möchten wir Sie, nachdem Sie so nett waren, unser gesamtes Buch durchzulesen, am Ende dann doch nicht.

Wenn wir nicht besser gestern als heute und gemeinsam die Kurve kriegen in Sachen Klimaschutz, unseren Lebensstil fundamental ändern und nicht immer nur Ausreden suchen und finden, warum die Natur, die Erdanziehung, der Permafrost, die Chinesen und was und wer auch immer schuld sind und nicht unser teilweise katastrophaler fossiler Lebensstil, dann können wir nicht nur all die schönen Weltuntergangsszenarien, die wir Ihnen hier ausgebreitet haben, in die Tonne treten, sondern auch all die hübschen Höllenvorstellungen getrost vergessen. Man kann zwar den Genuss von jenseitigen Qualen leicht vermeiden, indem man gut ist und unterwürfig gegenüber oberirdischen Fantasie-Warlords. Die Klimakatastrophe hingegen trifft alle. Gemeinerweise diejenigen zuerst, die am wenigsten dafür können, aber irgendwann sind alle dran. Und zwar für sehr lange Zeit. Fast wie in der Hölle. Nur selber gemacht und nicht von einem finsteren Herrgott angerichtet.

Wobei nicht alle Religionen Qualen nur in der Hölle anbieten. Der englische Schriftsteller und Komiker Stephen Fry erzählt von einer Begebenheit in Salt Lake City im US-Bundesstaat Utah während einer Führung zu diversen Sehenswürdigkeiten der dort tonangebenden Mormonen. Am Ende wurde das Leben nach dem Tod beschrieben, wie es sich die Heiligen der Letzten Tage ausdenken. Das Paradies der Mormonen soll unter anderem darin bestehen, dass man dort mit all seinen Verwandten, seiner gesamten Familie wieder vereint sein wird, auf immer. Was Stephen Fry zur Frage veranlasste, ob das auch gelte, wenn man sein Leben lang gut gewesen sei? Woraufhin er gebeten wurde, die Führung zu verlassen. Ein immerwährendes Verwandtentreffen! Was für eine bizarre Vorstellung. Auch bei uns gilt Weihnachten als Fest des Friedens für die ganze Familie, und das kann oft schon furchtbar danebengehen. Aber immerwährende Weihnachten ohne Ende? Wer sollte das wollen?

Wenn das der Himmel sein soll, nicht auszudenken, wie dort die Hölle ausschauen muss.

REGISTER

F

G

H

W

Y

Z

DIE AUTOR:INNEN

Martin Puntigam Kabarettist Martin Puntigam sorgt dafür, dass sich die Wissenschaftler:innen auf der Bühne halbwegs ordentlich benehmen und Dinge verständlich erklären. Für seine Kabarettprogramme, Bücher und sonstigen Projekte ist er mit zwölf Preisen ausgezeichnet worden, unter anderem, als erster Kabarettist, mit dem »Inge-Morath-Preis für Wissenschaftspublizistik«. Seit 2016 ist der Medizinstudienabbrecher Universitätslektor an der Universität Graz. Momentan arbeitet er an seiner Heiligsprechung, sein neues Solo »Der Heilige Puntigam« hat im November 2026 Premiere.

Dr. Florian Freistetter Seit Mai 2015 fixer Bestandteil der Science Busters. Der Astronom und bekannteste deutschsprachige Science-Blogger hat bei Hanser mehrere eigene Bücher veröffentlicht, zuletzt *Eine Geschichte des Universums in 100 Sternen* und *Eine Geschichte der Welt in 100 Mikroorganismen* (mit Helmut Jungwirth). Er betreibt die erfolgreichen Podcasts »Sternengeschichten«, »Das Universum« und »Das Klima«.

Dr. Ruth Grützbauch Ruth Grützbauch ist Astronomin und Spezialistin für die großen Zusammenhänge im Weltall. Nach ein paar Jahren als Wissenschaftsvermittlerin an einem der größten Radioteleskope der Welt nahe Manchester ist sie 2018 wieder nach Österreich zurückgekehrt und hat in Wien das Pop-up-Planetarium »Public Space« gegründet, in dem seither schon über 50 000 Menschen zu Gast waren.

Univ.-Prof. Dr. Helmut Jungwirth Professor für Wissenschaftskommunikation und Mikrobiologe; Helmut Jungwirth studierte Molekulare Mikrobiologie an der Karl-Franzens-Universität Graz und habilitierte 2009 im Fach Molekularbiologie. Er ist seit 2015 Ensemblemitglied der Science Busters und wurde im Jahr 2016 zum österreichweit ersten Universitätsprofessor für Wissenschaftskommunikation an die Universität Graz berufen.

Assoc. Prof. Dr. Peter Weinberger Associate Professor für anorganische Chemie; Dr. Peter Weinberger ist seit 2010 für anorganische Chemie habilitiert und seit 2021 Associate Professor für Magneto- und Thermochemie an der TU Wien. Er leitet die Forschungsgruppe für Magneto- und Thermochemie am Institut für Angewandte Synthesechemie und ist seit 2024 Leiter des Fachbereichs Anorganische Chemie am Institut für Angewandte Synthesechemie. Sein Spezialgebiet ist die vielfältige Chemie der Metalle, insbesondere des Eisens. Er forscht an magnetischen Materialien sowie an thermochemischen Energiespeichern und lebt seine Liebe zur Experimentalchemie in der Lehre aus. Seit 2024 ist er Vizepräsident der European Chemistry Thematic Network Association ECTN, die sich primär mit Chemiehochschulfachdidaktik beschäftigt. Neben bislang 80 Fachartikelpublikationen hat er bisher noch kein eigenes Buch geschrieben. Ist aber Co-Autor von *Warum landen Asteroiden immer in Kratern* und *Jesus war ein Fliegenpilz*.

Martin Moder, PhD Molekularbiologe; Martin Moder ist Molekularbiologe und seit 2016 fixer Bestandteil der Science Busters. Er promovierte am Zentrum für Molekulare Medizin (CeMM) und betreibt den preisgekrönten YouTube-Kanal »MEGA – Make Europa Gscheit Again«. Durch seine Hirntumorforschung an Fruchtfliegen wurde er zum ersten Science-Slam-Europameister. Er ist überzeugt, dass es noch nie eine aufregendere Zeit gab, um Molekularbiologe zu sein.

Gunkl Bei den Science Busters sind nun nicht immer die Wissenschaftler, sondern auch die Kabarettisten in der Überzahl. Aber irgendwie auch nicht. Denn Günther Paal ist, was die wenigsten wissen, leidenschaftlicher Damaszenerklingenschmied und Freizeitmetallurg. Mit Alfred Dorfer erörterte er in der ORF-Sendung »Dorfers Donnerstalk« als »Dr. Paal, Experte für eh alles« allerlei Abseitigkeiten, und als Solokabarettist wurden ihm auch einige Preise zuerkannt, wie der Salzburger Stier, der Prix Pantheon und der Deutsche Kleinkunstpreis.

Andreas Jäger Andreas Jäger ist Meteorologe und hat zahlreiche Dokumentationen in TV und Radio moderiert und gestaltet. Als Vortragender, Autor von Büchern und auf Social Media hat er sich in den vergangenen Jahren verstärkt der Klimakommunikation gewidmet. Nach seiner Überzeugung »liegen beim Klimawandel die Fakten längst auf dem Tisch – es geht nur noch um Kommunikation!«

Dr. Sebastian Carotta Sebastian Carotta promovierte in Genetik an der Universität Wien. In Australien spezialisierte er sich am Walter & Eliza Hall Institute auf Immunologie und Onkologie. Derzeit arbeitet er in der Onkologie-Pharmabranche und ist Immunologie-Lektor an der Universität Wien. Zudem gründete er die Gin-Marke »The Scientist Gin«.

Dr. Johanna Pirker Johanna Pirker ist eine österreichische Informatikerin und Professorin an der Technischen Universität München sowie an der TU Graz. Sie forscht zu Themen rund um Künstliche Intelligenz, Virtual Reality, Data Science und auch Spieleentwicklung. Auf Twitch und YouTube spricht sie regelmäßig über Informatik, Game Design und die Zukunft digitaler Technologien.

Prof. Dr. Claudia Frick Claudia Frick ist Professorin für Informationsdienstleistungen und Wissenschaftskommunikation an der Technischen Hochschule Köln. Nach ihrer Promotion in Meteorologie an der Eidgenössischen Technischen Hochschule Zürich forschte sie zunächst an Klimadaten beim Deutschen Wetterdienst, bevor sie einen Master in Bibliotheks- und Informationswissenschaft an der Technischen Hochschule Köln absolvierte. Mit Florian Freistetter betreibt sie den Podcast »Das Klima«.

Science Busters Dog Woody Woody heißt eigentlich »Bandido de Lobito Azul«. Er ist aber nicht adelig, sondern das ist der Name der Zuchtstätte, bei Woody eben de Lobito Azul. Woody ist ein Whippet, also ein kleiner englischer Windhund. Aufgrund der kleinen Größe und der enormen Schnelligkeit wurden Whippets im 19. Jahrhundert eingesetzt, um dem Adel die Hasen aus den Wäldern zu jagen, was natürlich verboten war und auch noch immer ist. Woody muss daher heute nicht mehr wildern, sondern ist seit Dezember 2018 Ensemblemitglied der Science Busters.

Erscheint als Hörbuch beim Hörverlag, gelesen von Ralph Caspers.